Sn–Bi WU QIAN HANLIAO
XINGBIAN JIZHI JIQI HEJINHUA

Sn-Bi 无铅焊料
形变机制及其合金化

王小京　彭巨擘　蔡珊珊　刘江涛　著

江苏大学出版社
JIANGSU UNIVERSITY PRESS

镇　江

图书在版编目(CIP)数据

Sn-Bi无铅焊料形变机制及其合金化 / 王小京等著
. -- 镇江：江苏大学出版社，2022.12
ISBN 978-7-5684-1948-2

Ⅰ.①S… Ⅱ.①王… Ⅲ.①软钎料－研究 Ⅳ.
①TG425

中国版本图书馆 CIP 数据核字(2022)第 254724 号

Sn-Bi 无铅焊料形变机制及其合金化
Sn-Bi Wu Qian Hanliao Xingbian Jizhi Jiqi Hejinhua

著　　者/王小京　彭巨擘　蔡珊珊　刘江涛
责任编辑/王　晶
出版发行/江苏大学出版社
地　　址/江苏省镇江市京口区学府路 301 号(邮编：212013)
电　　话/0511-84446464(传真)
网　　址/http://press. ujs. edu. cn
排　　版/镇江文苑制版印刷有限责任公司
印　　刷/苏州市古得堡数码印刷有限公司
开　　本/890 mm×1 240 mm　1/32
印　　张/5
字　　数/155 千字
版　　次/2022 年 12 月第 1 版
印　　次/2022 年 12 月第 1 次印刷
书　　号/ISBN 978-7-5684-1948-2
定　　价/39.00 元

如有印装质量问题请与本社营销部联系(电话：0511-84440882)

前　言

　　随着大数据时代的到来，移动设备和物联网无处不在。人-机通信、机-机通信大为发展，人与人之间的距离因为电子通信而靠近。远程教学、远程医疗、家庭办公室和在线会议的趋势化形成，无不得益于大数据与电子产品的长足发展。这就使得人们对高级消费电子产品的需求大为提高。电子产品应具有较小的外形尺寸、超大的内存空间，以及较快的数据传输与接收速度，更多的功能、更低的成本、更加环保，且有极高的可靠性。这些都对电子器件及其互连材料产生了巨大的影响。

　　2020年9月22日，习近平主席在第七十五届联合国大会一般性辩论上宣布："中国将提高国家自主贡献力度，采取更加有力的政策和措施，二氧化碳排放力争于2030年前达到峰值，努力争取2060年前实现碳中和。"中国碳达峰、碳中和目标（以下简称"双碳"目标）的提出，引发国内国际社会的关注。因此，绿色化、低成本发展成为一个很重要的命题。在电子组装材料方面，本书著者团队因为一次偶然的机会，再次将目光投向了低温 Sn-Bi 钎料。该钎料较低的熔点（138 ℃）使得其组装过程热输入小；较好的润湿性（Sn-58Bi 为共晶，且 Bi 为表面活性元素）、无铅绿色环保等特性，为减少较薄芯片互连翘曲提供了一个很好的解决方案。但要实现该方面的应用，Sn-Bi 钎料本身的脆性需要得到改善，否则这一应用很难达成。因此，江苏科技大学微电子互连课题组联合云南锡业集团（控股）有限责任公司研发中心团队，并在云南锡业集团资助下，从单晶锡出发，到 Sn-Bi 二元合金的形变与机制，继而在此基础上研究合金化元素对 Sn-Bi 合金微观组织以及综合力学行为的影响。现将部分内容整理成册,与读者分享。

本书首先研究了纯锡的基本特性和拉伸、蠕变力学行为,然后在其基础上研究 Sn-Bi 二元合金组织与力学变形的特征;进而通过微合金化改善 Sn-Bi 合金的组织和性能,并对添加了不同合金元素的三元 Sn-Bi 系合金进行表征和力学性能测试;最后测试经老化(热时效)后 Sn-Bi 焊点界面组织、力学性能和断裂机理,模拟研究 Sn-Bi 合金在实际服役过程中的性能变化。

本书在成书过程中,在试验方面得到了江苏科技大学周慧玲老师、于智奇、丁俊文两位同学,以及云南锡业的王加俊、罗晓斌、刘晨三位工程师的数据和实验支持;在相图计算方面,得到了山东大学张伟彬教授的指导和支持;在文字校对方面,得到了朱鉴璟同学的支持,在此一并表示感谢。

由于作者水平有限,书中难免有疏漏,真诚地期待读者的批评与指正。

著 者

2022.10

目　录

第1章　绪论

1.1　微电子互连材料

电子产品和人类具有很大的相似性(见图 1.1),有微处理器(人类则是"大脑")及其封装体系。封装是大脑或微处理器(IC)的"神经"和"骨骼"系统,为其提供互连、供电、传导信号和支撑作用。大脑或 IC 通过"神经"系统使机体或电子产品运作,通过"骨骼"系统进行自我保护;没有封装,芯片的功能则无从发挥,电子产品也无法使用,这正是封装的意义所在。

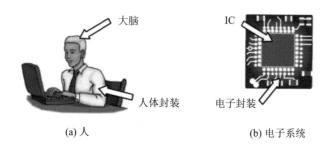

(a) 人　　　　　　　　　　　　(b) 电子系统

图 1.1　电子产品与人类的相似性

随着电子封装向小型化、高密度和高性能趋势发展,5G 和物联网等领域需要更快的数据通信速度,人们相继开发出了系统级封装(SiP)、层叠封装(PoP)、晶圆级封装(WLP)、2.5D&3D 半导体封装等封装形式,目的是使芯片封装体积减小,同时增加更多的 I/O 引脚,通过更精细的线路排布与空间利用来满足信息快速传递的需求。不同的封装形式有各自的结构特点,但均需要微电子互连材料,以实现在各层结构间形成机械连接和电气导通。电子封装技术正从平面封装向立体封装发展,这不仅对微电子互连材料的外形有了更精细的尺寸要求,也对微连过后缺陷的抑制有了更严苛的考验。

微连接又称精密连接,强调连接对象的细微特征,这种连接特征导致微连接技术与普通焊接技术有显著的区别,因此在连接中必须考虑连接尺寸的精密性。焊接领域的微连接技术,在电子产品生产工艺中即称为微电子互连技术,所用材料则为微电子互连材料。与传统焊接方法相比,微电子互连主要采用特种焊接技术,其中软钎焊占主导地位,所涉及的材料主要是有色金属。因此,电子产品所用的连接材料大多数是有色金属材料,如 Sn,Pb,Cu,Ag,Au,Al,Bi,In 等金属及合金。在电子产品的钎焊过程中,焊料成分和母材成分必须发生冶金反应并生成适当的合金,从而获得牢固的钎焊连接效果。锡是参与冶金反应的主要元素,它与母材金属形成界面金属间化合物(IMC)而将被焊金属相互连接。

20 世纪中期,锡铅焊料因其可焊性良好、可靠性较高以及成本较低得到了广泛的应用。然而由于铅具有毒性且会对环境造成污染,逐渐被禁止使用,因此各种无铅体系焊料相继被研发出来。目前,市面上主要的无铅焊料合金体系有 Sn-Ag,Sn-Bi,Sn-In,Sn-Cu 和 Sn-Sb 等二元合金,以及在二元合金的基础上添加其他合金元素形成的三元合金,如 Sn-Ag-Cu 等。研究者先通过微合金化改变焊料合金的熔点、润湿性、力学性能以及可靠性等,然后根据焊料合金的特点将它们应用在各自合适的领域。

1.1.1 Sn 基无铅焊料

Sn-Cu 系合金为较常见的焊料,共晶合金为 Cu 的质量分数为 0.7% 的 Sn-0.7Cu 合金,共晶温度为 227 ℃。该合金价格相对低廉,储量丰富,在波峰焊上应用较多。Sn-0.7Cu 共晶合金可以看作 Sn-Cu_6Sn_5 的二元合金,组织成分为 β-Sn 枝晶和 Cu_6Sn_5 与 Sn 组成的共晶区域(见图 1.2a)。这些共晶区域的 Cu_6Sn_5 化合物在高温服役的过程中会逐渐转化为分散粗大的 Cu_6Sn_5 化合物。图 1.2b,c

为同步辐射观察 Cu_6Sn_5 化合物相的演化图,从图中可以看到该化合物相的尺寸为数百微米,和微连接焊点的尺寸相比,几乎贯穿焊点,对焊点的力学行为影响较大。

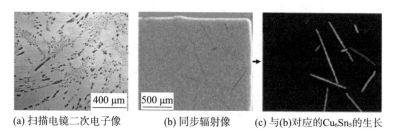

(a) 扫描电镜二次电子像　　　(b) 同步辐射像　　　(c) 与(b)对应的Cu_6Sn_5的生长

图 1.2　Sn-0.7Cu 合金的微观组织

Sn-Ag 系合金焊料作为无铅焊料的替代品开发较早,共晶合金为 Ag 的质量分数为 3.5% 的 Sn-3.5Ag 合金,熔点为 221 ℃。如图 1.3a 所示,其内部组织由 β-Sn 枝晶和共晶区组成。共晶区的 Ag_3Sn 相较为细小,均匀地分布在 β-Sn 基体上,能够改善合金的力学性能,但过多的 Ag 添加反而会使力学性能恶化。从图 1.3b,c 中可以观察到 Ni_3Sn_4 相,这是 Ni 基板中的 Ni 和焊点合金冶金扩散反应的结果。适当增大 Sn-3.5Ag 焊料的冷却速率有助于减小二次枝晶的尺寸,使 Ag_3Sn 的分布更均匀。

这些共晶或掺杂了其他元素的合金在电子行业中最受欢迎,特别是 Sn-Ag-Cu 三元合金,如 Sn-3Ag-0.5Cu(SAC305)或 Sn-3.8Ag-0.7Cu。如图 1.4 所示,SAC305 合金的组织和 Sn-Cu,Sn-Ag 共晶合金一样,也是由 β-Sn 枝晶和共晶区域组成,不同的是共晶区域的化合物包含 Cu_6Sn_5 与 Ag_3Sn 两种。该合金因其良好的加工性能和可靠性,广泛用于 SMT(表面贴装工艺)焊接。其熔化温度在 217~225 ℃,回流焊峰值温度通常在 230~250 ℃。出于工艺和可靠性的考虑,实际使用的合金中 Ag 的质量分数多在 3%~4%。然而,由于工业生产对降低成本的需求,以及基于对便携式设备焊点脆性问题的考虑,人们开始尝试降低 Ag 在合金中的占比,Ag 添加量逐渐下降到 1%,0.5%,0.3%,甚至不添加 Ag。

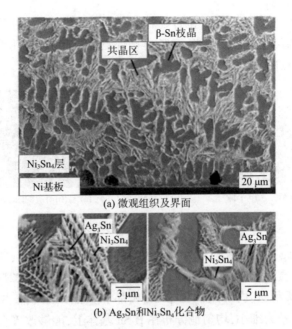

(a) 微观组织及界面

(b) Ag₃Sn和Ni₃Sn₄化合物

图 1.3　Sn-3.5Ag/Ni 焊点

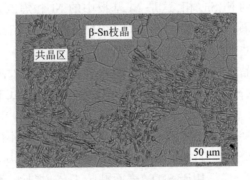

图 1.4　SAC305 合金的微观组织

　　近些年,电子行业为了满足半导体技术小型化发展以及降低能源消耗、减少材料成本的迫切要求,对中低温焊料的需求越来越大。不仅如此,由于电子产品的不断小型化和致密化,电子行业逐步降低焊接过程中的热输入,因为低温焊接不仅能够减少对器件的热损伤,譬如防止因电子制造中使用的材料之间的热膨胀系数差异而引起损坏,还尽可能避免了焊接过程中印刷电路板的翘曲。图 1.5 所示为封装表面在不同温度下的翘曲。在不同温度下测得的翘曲分别为-46 μm(室温)、-65 μm(75 ℃)、-71 μm(125 ℃)、-82 μm(175 ℃)、-53 μm(225 ℃)和-30 μm(275 ℃)。

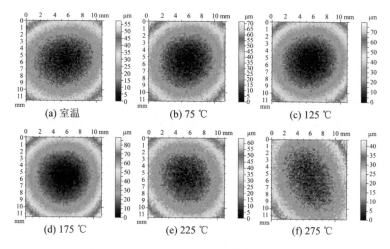

图 1.5　封装表面在不同温度下的翘曲

较高的回流温度使得焊料与金属基体的界面反应比较剧烈,因此容易引发可靠性问题。除了电路板翘曲以外,还存在如下问题:基板的多层结构易使水分渗入,高温焊接时水分汽化导致基板分层或爆板;高温焊接过程中的能源消耗大,使得企业生产成本较高;等等。这些因素都对降低钎焊温度提出了迫切的需求。因此,低温无铅焊料成为人们关注的焦点。

1.1.2　低温无铅焊料

在软钎焊(焊料液相线温度低于 450 ℃)技术中,基于焊料回流过程峰值温度的高低,对焊料进行分类,如表 1.1 所示。

表 1.1　基于焊料回流过程峰值温度的焊料分类

焊料类别	峰值温度/℃
高温	>290
中温	190~290
低温	130~190
超低温	<130

Sn-In 系合金被认为是比较实用的低熔点焊料。它通常应用于焊接过程中的最后一步,作用于焊接温度敏感元件上的金属化层。Sn-In 系合金的共晶成分为 Sn-52In,共晶温度仅有 117 ℃,其抗蠕变能力是共晶 Sn-Pb 的 1/4,韧性相对较好。有研究指出,Sn-In 系合金在温度高于 $0.8\ T_m$ 下的剪切能表现出良好的超塑性行为。而超塑性组织通常比非超塑性组织具有更长的等温疲劳寿命。Sn-Pb 焊料沿着集中剪切变形区域会形成材料的再结晶带,共晶 Sn-In 样品中没有出现这种微观结构变化。

Sn-Bi 系合金同样是低熔点焊料,价格相对便宜,共晶成分为 Sn-58Bi(见图 1.6),共晶温度为 138 ℃,Sn 与 Bi 能在 138~232 ℃ 的熔化温度范围内配制成合金,两种元素相互固溶且不形成化合物。Sn-Bi 系合金的熔点与 Bi 含量有关,Bi 含量越高,Sn-Bi 系合金的熔点越低。Sn-Bi 系合金焊料在 20 世纪就得到了开发,但其也存在缺点,比如在热老化过程中 Bi 相粗化,而富 Bi 相通常是脆性的,这种粗化会导致焊料的机械性能下降,因此没有得到广泛应用。Sn 在 Bi 中的固溶度很低,共晶温度下约为 0.11%,在 25 ℃ 下约为 0.6%。相比之下,Bi 在 Sn 中的固溶度较高,在 139 ℃ 下为 21%,在 50 ℃ 下为 4.5%,在 25 ℃ 下为 2.0%~3.2%。一般来说,共晶相呈典型的片层状结构。

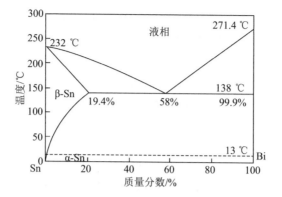

图 1.6 Sn-Bi 二元合金相图

1.2 Sn-Bi 系低温焊料研究现状

国外较早开始了对低温无铅焊料的研究,一些有名的焊料生产研发公司,譬如阿尔法和千住等,申请了很多与焊料相关的专利,在国际上有一定的知名度。我国焊料的生产量和消耗量巨大,也拥有一些自主焊料品牌,近年来各温度段的焊料产品都有了长足的发展。

对于 Sn-Bi 系和 Sn-In 系两种常见的低温焊料,由于 In 的价格昂贵,储备稀少,一般只作为少量添加元素添加到合金中,Sn-In 系焊料的研究与发展也因此受限。相较之下,Bi 的资源充足,价格相对低廉,在电子行业对低温焊料的需求愈发强烈的背景下,Sn-Bi 系焊料在低温钎焊领域成为主流,可以说应用 Sn-Bi 系低温焊料是解决当前问题的最有效方法,并且能够在未来更为先进的封装结构中提供更多的技术可能性。

1.2.1 Sn-Bi 系低温焊料的特性

许多学者对 Sn-Bi 共晶合金进行了研究,Hwang 等人的一项研究表明,Sn-Bi 合金比 SAC 合金具有更高的屈服强度和抗拉强度。在 Jeong-won Yoon 等人的研究中,Sn-Bi 共晶合金显示出比 Sn-Pb 共晶合金更高的抗蠕变性。与 Sn-Pb 共晶合金相比,Sn-Bi

共晶合金熔点更低,力学性能较差,热膨胀系数、电阻率等更大,更适合对温度更敏感的元器件的连接(见表1.2)。两者相同的地方在于,它们均拥有双相合金基体。

Sn-Bi 共晶合金组织中只含有 β-Sn 相和脆性 Bi 相,Sn 相和 Bi 相之间的塑性差异较大,这限制了 Sn-Bi 共晶合金的机械性能,尤其是 Bi 的添加导致脆性降低,使合金抵抗机械跌落冲击的能力较差。此外,合金经老化后也会诱导过饱和 Bi 的沉淀而导致更多的 Bi 发生粗化。在这个过程中,沉淀的 Bi 颗粒附着在先前形成的富 Bi 相上,通过热激活扩散使粗化的 Bi 相生长。同时,Bi 的扩散会导致奥斯特瓦尔德熟化(Ostwald ripening),这是因为大的 Bi 颗粒以小颗粒为代价生长。

表 1.2　Sn-Bi 和 Sn-Pb 共晶合金的部分性能比较

性能指标	Sn-58Bi	Sn-37Pb
熔点/℃	138	183
密度/$(g \cdot cm^{-3})$	8.75	8.21
空气中的表面张力/$(mN \cdot m^{-1})$	319	417
电阻率/$(\mu\Omega \cdot cm)$	34.0	14.4
热导率/$(J \cdot m^{-1} \cdot s^{-1} \cdot K^{-1})$	21	50
热膨胀系数/K^{-1}	34×10^{-6}	14.4×10^{-6}
抗拉强度/MPa	70	88
延伸率/%	14	24
布氏硬度	22	16

1.2.2　合金元素对 Sn-Bi 合金的影响和强化机制

为了改善 Sn-Bi 共晶合金的机械性能而不改变其熔化特性,人们尝试在焊料中掺杂少量合金元素,因此关于在 Sn-Bi 共晶合金中添加合金元素的研究有很多。加入了这些合金元素后,在基体中形成的金属间化合物、固溶体或弥散相等,能够改善焊料的性能。

（1）金属间化合物强化

在 Sn-Bi 合金中加入 0.5% 和 1% 的 Ti，合金内会形成 Ti_6Sn_5 和 Ti_2Sn_3 化合物，并且合金内部的晶粒尺寸得到细化，其机械性能得到提高。与 Ti 相似，相关研究表明，在 Sn-Bi 合金中添加适当的 Cu 后，合金内部会形成 Cu_6Sn_5 化合物，这些均匀分布的金属间化合物能使合金强化。研究发现，Sn-Bi 合金的抗拉强度和延伸率随着 Cu 的加入而提高。

在 Sn-Bi 合金中加入 1% 的 Ni 会形成 Ni_3Sn_4 金属间化合物，提高 Sn-Bi 合金的抗拉强度和屈服强度，抑制组织粗化。与 Sn-Bi 共晶合金相比，加入 2% Ag 的合金组织的共晶片层间距减小，杨氏模量提高 20%，力学性能显著提高。

（2）固溶强化

Sb 元素加入 Sn-Bi 合金后主要起固溶强化的作用。Dominguez 等人证明，在 Sn-Bi 共晶合金中加入 Sb，合金的抗压强度提高了约 50%，他们认为这与微结构中存在的 Sn-Sb 金属间化合物有关。由于 Sn-Sb 金属间化合物颗粒较小（相对于其他金属无铅焊料的金属间化合物），且处于晶粒内部，很多研究者将 Sb 带来的强化效应归结为固溶强化。有研究发现，在 SAC 焊料中掺杂一定的 Sb 能明显提高其力学性能并可减缓基体中金属间化合物的生长速度。此外，欧洲学者对 Bi-Sb-Sn 三元合金的相平衡特点进行了研究；也有研究发现 Sb 作为合金元素添加后能够提高合金的韧性。

当 In 的添加量较低时，其主要以固溶的形式存在于 Sn 中，此外，In 元素还能起到降低 Sn-Bi 合金熔点的作用。In 的添加量较高时，Sn-Bi-In 三元合金的显微组织由 β-Sn 相、Bi 相以及 Bi-In 中间相组成，Bi 含量的降低会使合金中的 Bi-In 相明显减少，In 元素的添加使焊料的显微硬度明显提高。在 Sn-40Bi 中加入 6% 的 In 后，合金的抗拉强度提高至 77 MPa。

（3）弥散强化

在焊料合金中添加高熔点或高硬度的第二相颗粒，也是改善焊料焊接性能的一个重要手段。Mohd Salleh 等人提出用各种微米或纳米尺寸的颗粒如碳化硅（SiC）、氧化镍（NiO）、氧化铝（Al_2O_3）、氧化锆（ZrO_2）、氧化钛（TiO_2）和氮化硅（Si_3N_4）对焊料基体进行弥散强化，并且以此抑制焊接过程中焊接界面 Cu_6Sn_5 金属间化合物层的生长。

1.2.3 焊点及其可靠性研究

在实际焊接过程中，焊料会重新熔化并与芯片和衬底上的触点金属发生化学反应，以形成实现焊料和触点之间的黏附所必需的金属间化合物，但金属间化合物的厚度需要薄厚适中，因此必须控制形成金属间化合物的速率。图 1.7 为 Cu 焊盘上形成单球焊点示意图，金属间化合物（IMC）介于基板（大多数为 Cu 制造）和焊料之间，关系着焊接结构的整体性能。先前的研究已经证明，Nb 作为凸点下金属化层（UBM）能够成为 Sn-Bi 共晶焊料与基板的扩散阻挡层。然而，Nb 层需要通过溅射或蒸发的方法沉积获得，其成本较高，因此只适用于某些特定的场合。此外，在实际测试中发现，Nb 溅射工艺未能完全覆盖下方的金属表面，导致焊料与金属快速反应。

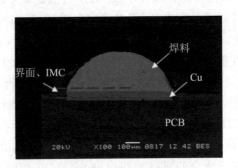

图 1.7　焊点示意图

即使在室温下，Cu 也会与 Sn 发生反应。在诸如回流工艺等焊点形成过程中，Sn（Sn 基焊料）和 Cu 焊盘在焊接界面会发生冶金反应生成 Cu_6Sn_5，继而在服役过程中有 Cu_3Sn 形成。其中，在 Sn 基焊料一侧生长的是 Cu_6Sn_5，靠近 Cu 焊盘一侧生长的是 Cu_3Sn。界面处形成的这些 IMC 对焊点的完整性和电子封装的可靠性起着至关重要的作用。此外,IMC 的形成也表明焊料与基体金属具有良好的润湿性和黏附性,然而 IMC 的过度生长会降低整个接头的力学性能。IMC 较薄的区域对应力非常敏感,经常会成为裂纹萌生和扩展的区域。大量研究表明,在 Cu 和 Cu_3Sn 的界面处,以及 Sn 基焊料和 Cu 基板之间,剧烈反应会导致柯肯达尔孔洞(Kirkendall void)的形成。随着作用时间的延长,柯肯达尔孔洞的密度逐渐增大,在长时间作用后合并成更大的孔洞,且 IMC 区域越厚,孔洞越大。这些孔洞减小了界面的接触面积,从而削弱了界面的力学和电学性能。

1.3 研究内容与研究意义

Sn-Bi 系焊料因其熔点较低、润湿性好、抗拉强度大以及成本较低等优点成为近年来最具发展潜力的低温钎料之一。在微电子互连和封装中,焊点的稳定性和可靠性关系到电子产品的功能性和耐用性。因此,对于脆性较大且塑性较差的 Sn-Bi 系焊料,不仅要考虑 Sn 和 Bi 两种元素的比例对合金整体性能的影响,还需要通过微合金化来改善 Sn-Bi 二元合金的性能,以实现坚固可靠的互连。此外,除了添加元素的种类,元素的掺杂量对合金的影响也需要进行系统的研究。因此,需要进行大规模的实验以达到对 Sn-Bi 合金体系整体分析的目的。

基于上述需求,本书首先研究了纯锡的基本特性和拉伸、蠕变力学行为,然后在此基础上研究 Sn-Bi 二元合金的组织与力学变形的特征,进而通过微合金化改善 Sn-Bi 合金的组织和性能,并对添加了不同合金元素的三元 Sn-Bi 系合金进行表征和力学性能测试,最后测试经老化(热时效)后 Sn-Bi 焊点界面的组织演变及其对接头组织、力学性能和断裂机理的影响,模拟研究合金在实际服役过程中的性能变化。

本书的主要研究内容如下:

(1)单晶锡的基本特性及其拉伸、蠕变力学行为。

（2）Bi 含量对 Sn-Bi 二元合金组织和力学性能的影响，借助原位观察法研究不同 Bi 含量的 Sn-Bi 合金的形变机制和断裂特征。

（3）Cu 元素对低 Bi 含量的 Sn-Bi 合金的熔融特性、微观组织和力学性能的影响。

（4）In 元素对不同 Bi 含量的 Sn-Bi 合金的熔融特性、微观组织和力学性能的影响，以及高温条件下合金力学性能的变化特征。

（5）合金元素 Ag、Sb 和 Ni 对近共晶 Sn-Bi 合金的熔点、微观组织和力学性能的影响。

（6）时效后（100 ℃下）合金元素 Cu、Sb 对 Sn-Bi/Cu 焊点界面 IMC 生长动力学和焊点强度的影响。

第2章 锡的基本性能

2.1 锡的晶体结构

固态锡有3种同素异形体:灰锡、白锡和脆锡。灰锡(α-Sn)为金刚石立方结构(见图2.1),密度为5.75 g/cm^3,白锡(β-Sn)为体心四方结构(见图2.2),密度为7.30 g/cm^3,脆锡(γ-Sn)为斜方晶系,密度为6.55 g/cm^3。

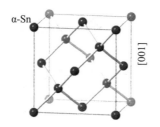

图2.1 α-Sn 晶体结构($a=b=c=0.648\ 9$ nm,晶胞中含8个 Sn 原子)

图2.2 β-Sn 晶体结构($a=b=0.583\ 1$ nm,$c=0.318\ 1$ nm,$\alpha=\beta=\gamma=90°$)

白锡在13.2~161 ℃稳定,在环境温度低于13.2 ℃时开始转变为灰锡,由于体积变化很大,相变后,金属锡块碎成粉末,这种现象称为"锡疫"。不过,这一过程在室温附近进行得十分缓慢,在 -20 ℃以下则会进行得较快,因此金属锡应储存于 0 ℃以上的环境中。金属锡中存在的一些微量元素对其相变动力学影响很大。

β-Sn 可以在低于 13.2 ℃的温度下转化为 α-Sn,这种同素异形转变的体积变化约为 27%,如图 2.3 所示。

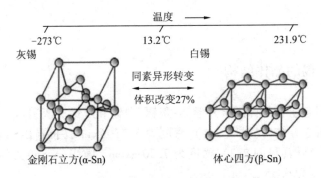

图 2.3 锡的同素异形体转变

锡的同素异形体的密度、外观、特性及相互之间转变的顺序见表 2.1。

表 2.1 锡的 3 种同素异形体

项目	灰锡(α-Sn)	白锡(β-Sn)	脆锡(γ-Sn)	液态锡
晶体结构	等轴晶系	正方晶系	斜方晶系	
密度/(g·cm⁻³)	5.75	7.30	6.55	6.99
外观、特性	粉状	块状、展性	块状、易碎	

2.2 锡的物理化学性能

锡的原子序数为 50,在元素周期表中位于第 Ⅳ 主族。锡是人们最早认识并使用的金属之一,在河南安阳殷墟的商朝晚期古墓出土的文物中就有表面覆有厚锡层的虎面铜盔,说明远在 3 000 多年前,我们的祖先就已经掌握了炼锡技术。而据文字记载,到周朝时,锡器的使用已经十分普遍。

锡的主要物理性质见表 2.2。

表 2.2　锡的主要物理性质

性质	数值
熔点/℃	231.96
沸点/℃	2270
熔化热/$(kJ \cdot mol^{-1})$	7.16
蒸发热/$(J \cdot mol^{-1})$	358.2
比热容$(18 \sim 20 ℃)/(J \cdot g^{-1} \cdot ℃^{-1})$	0.243 6
黏度$(320 ℃)/(Pa \cdot s)$	0.001 593
表面张力$(300 \sim 500 ℃)/(mN \cdot cm^{-1})$	5.32 ~ 5.16
线性膨胀系数$(50 ℃)/(K^{-1})$	23.1
电阻率$(18 ℃)/(\Omega \cdot cm)$	11.5×10^{-6}
热导率$(\beta\text{-Sn}, 100 ℃)/(W \cdot m^{-1} \cdot K^{-1})$	60.7
超导转变温度/℃	-269.27

锡有 10 种稳定的天然同位素,其中主要是 ^{120}Sn,^{118}Sn 和 ^{116}Sn,它们的丰度分别为 32.85%,24.03% 和 14.30%,占锡总和的 71.18%。锡原子的价电子层结构为 $5s^2 5p^2$,5p 亚层上的电子容易先失去,呈现+2 价,此时外层并未形成最稳定的电子层结构,而继续失去 5s 亚层上的两个电子则可形成稳定的电子层结构,呈现+4 价,因此,在水溶液中+2 价锡离子易于氧化成+4 价锡离子。

金属锡表面存在一层天然的氧化物,因此常温下锡对许多气体、弱酸或弱碱的耐腐蚀能力较强。当温度较高时,锡与空气中的氧作用,生成氧化亚锡和氧化锡。常温下锡能与卤族元素反应,特别是与氟和氯作用生成相应的卤化物。在加热条件下,锡与浓硫酸或浓盐酸反应,分别生成 $Sn(SO_4)_2$ 和 H_2SnCl_4 或 $HSnCl_3$。

锡的标准电极电位(Sn^{2+}/Sn)为-0.136 V,但是由于氢在金属锡上的超电位较高,锡与许多稀无机酸作用比较缓慢,与多数有机酸不发生反应。

2.3　锡的微观组织

图 2.4 显示了纯锡的微观组织形貌,从图 2.4 可以看出,铸造纯锡呈现出较为粗大的等轴晶粒组织,经过图像分析统计可知,等轴晶粒的平均大小为 50 μm。在纯锡中添加 0.5%(质量分数)的元素 Ge 形成 Sn-0.5Ge,并将其冷轧成 3 mm 的金属片,其表面附近组织呈 0.8~2.5 μm 的等轴晶,见图 2.5a。进而将 Sn-0.5Ge 放入 −37 ℃的冰箱中过夜,发现 β-Sn 转变为灰锡(α-Sn)。如图 2.5b 所

50 μm

图 2.4　β-Sn 多晶微观组织:铸造空冷光学图

1 μm

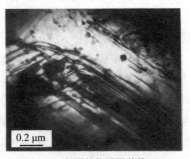

0.2 μm

(a) 冷轧白锡合金的组织　　　　　(b) 灰锡的位错滑移线

图 2.5　冷轧后的白锡和灰锡

示,灰锡结构较为复杂,存在大量位错。如图 2.6 所示,灰锡还有一些细孪晶和粗孪晶。这些特征可能是由于白锡转变为灰锡时体积膨胀,晶体内局部应力较大,促进孪晶转变而产生的。

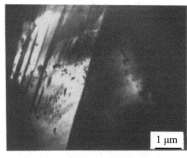
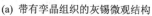
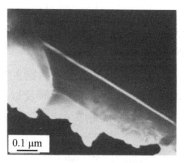

(a) 带有孪晶组织的灰锡微观结构　　　　(b) 孪晶的暗场相

图 2.6　灰锡的微观组织

2.4　单晶锡的拉伸力学行为

2.4.1　β-Sn 的结构和弹性各向异性

β-Sn 具有体心四方结构,晶格常数在各个方向并不相同,分别为 $a=b=0.583\ 1\ nm, c=0.318\ 1\ nm, \alpha=\beta=\gamma=90°$。β-Sn 在 13.2~161 ℃稳定,质软,具有良好的展性,但延性相对较差。单个晶胞有四个原子,它们在胞内的位置分别为 $0,0,0,0,1/2,1/4,1/2,0,3/4,1/2,1/2,1/2$。

在力场作用下,材料的复杂响应行为受其弹性常数的影响,而弹性常数则由晶体结构决定。体心四方结构的晶体有六个独立的材料常数。关于 β-Sn 的弹性常数的数据较多,较为可靠的结果是 Rayne 和 Chandrasekhar 在 1960 年得到的温度在 4.2~300.0 K 的数据(根据 Busch 和 Kern 在 1960 年的结果,由于 β-Sn 到 α-Sn 转变的迟滞,β-Sn 可以在较低的温度下存在),以及 Kammer 等在 1972 年得到的温度在 301~505 K 的数据,具体结果如图 2.7 所示。可用四个比率 A,B,C 和 D 来表征弹性各向异性,即 $A=C_{44}/C_{66}$,

$B = C_{33}/C_{11}$，$C = C_{12}/C_{13}$，$D = 2C_{66}/(C_{11}-C_{12})$，这四个参数在各向同性材料中相等。当温度范围为 4.2~500.0 K 时，A,B,C,D 的数值变化范围分别为 0.96~0.89，1.25~1.23，1.69~1.54，2.26~13.57。D 的变化范围很大，这是因为剪切模量 $(C_{11}-C_{12})/2$ 在熔点附近变得非常小，C_{11} 几乎和 C_{12} 相等，所以 β-Sn 表现出很大的各向异性。

力学性能是工程材料研究中的关键性内容。对焊料或焊点结构的力学性能研究通常涉及以下内容：与时间无关的单轴拉伸、剪切实验，与时间相关的蠕变试验，以及与温度相关或者无关的循环形变实验。综合分析当前的文献资料发现，大部分研究集中在 β-Sn 单晶的拉伸与蠕变行为方面，β-Sn 单晶应力松弛方面的研究文献较少，而 β-Sn 在循环载荷下的响应还没有相关数据。

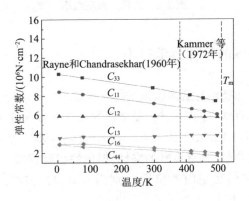

图 2.7　β-Sn 的弹性常数 C_{ij}

2.4.2　β-Sn 的不同方向的拉伸性能

单轴拉伸是工程材料力学性能研究的最基本实验方法，能够全面显示材料的力学响应，它也是材料在其他载荷和环境条件下的力学响应的基础。关于 β-Sn 单晶的拉伸性能，文献中多是沿着 [110] 和 [100] 方向的数据，而且不同研究者得到的数据具有很大的分散性。

β-Sn 单晶的弹性各向异性、拉伸轴和 β-Sn 单晶试样之间的取向、温度的影响,以及拉伸过程中滑移系的开动情况完全不同,导致不同方向的拉伸曲线存在差异性。为了方便对比,把不同拉伸方向滑移系的开动情况列于表 2.3 中。

表 2.3　拉伸方向和激活滑移系

温度/K	拉伸方向					
	Nagasaka			Kirichenko		
	接近[110]	接近[100]	[100]	[110]	[100]	接近[110]
77	(100)[011]	(100)[011]	孪晶 (100)[011]	(100)[010] (12$\bar{1}$)[101]	(10$\bar{1}$)[101]	
160		(1$\bar{1}$0) $\frac{1}{2}$[111]				
200	(100)[010]					
288				(010)[100] (100)[010]		
293						(100)[010]
295	(100)[010]	(1$\bar{1}$0) $\frac{1}{2}$[111]		(100)[010] (12$\bar{1}$)[101]	(1$\bar{1}$0) $\frac{1}{2}$[111]	
435	(100)[010]	(1$\bar{1}$0) $\frac{1}{2}$[111]				

1979 年 Hirokawa 和 Ojima 在研究位错运动的过程中,测得 β-Sn 单晶在室温下的拉伸性能。其拉伸轴和试样[110]方向的夹角为 10°,试样上表面约偏离(001)面 5°,得到屈服应力为 2.8 MPa,相应的激活滑移系为(100)[010]滑移系。而他们在 1983 年沿着[110]方向测得的屈服应力仅约为 0.95 MPa。两次测试的不同点在于以下几个方面:① 温度相差 5 ℃;② 应变加载速率相差 0.24×10^{-4}/s(1979 年和 1983 年的测试速率分别为 1.74×10^{-4}/s 和 1.5×10^{-4}/s);③ 拉伸轴和试样[110]方向的夹角相差 10°。而参照表 2.3 中 Nagasaka 的数据,在其他实验条件均相同的条件下,试样

取向相差 3°也可导致拉伸曲线存在极大的不同,这说明取向对拉伸形变机制有关键性的影响。

另外,从表 2.3 还可以看出,Nagasaka 和 Kirichenko 在 77 K 时得到的激活滑移系有较大偏差,推测其原因可能是他们在实验中对试样的夹持方式不同。Kirichenko 在实验中直接用夹头夹紧试样,Nagasaka 在实验中则是通过带孔的铜板和一轴连接实现对试样的夹持,铜板可以自由转动。这就有可能导致试样方位的偏差,而试样的方位对滑移系的开动来说是一个关键因素。

1989 年 Nagasaka 研究发现,单晶锡的单轴拉伸应力-应变曲线与温度、晶体取向有很大关系。总体而言,晶体在弹塑性区,应力随应变先是线性增加,屈服后出现硬化或者软化现象;在流变区,随着应变的增加,拉伸曲线有很大不同,这是变形当中不同取向试样的软化和硬化两种过程综合作用的结果。

图 2.8a,b 表示出了室温下[112]和[110]取向试样在不同应变速率下的真应力-应变曲线。从图中可以看出,曲线分为 3 个区域:① 弹性区。在这个区域,应力随着应变线性增加,达到弹性极限时试样发生屈服。② 快速硬化区。试样发生屈服后,随着应变的增加,试样产生非常强烈的加工硬化,这个区域非常大。③ 颈缩断裂区。在这个区域,随着应变的增加,应力迅速下降,局部区域发生颈缩变形,直到断裂。从图中还可以看出,随着应变速率的增加,拉伸强度也逐渐增大。[112]取向试样在应变速率为 $10^{-5}/s$ 时,拉伸强度只有约 10 MPa,而应变速率达到 $10^{-2}/s$ 时,拉伸强度增加到约 30 MPa。[110]取向试样也有类似的特征,这是具有应变速率敏感性的原因。

图 2.8c 表示出了多晶锡在不同应变速率下的真应力-应变曲线。从图中可以看出,多晶锡的拉伸变形分为 3 个区域:① 弹塑性区;② 微弱的硬化区域;③ 颈缩断裂区。

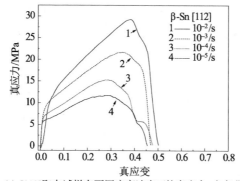

(a) [112]取向试样在不同应变速率下的真应力-应变曲线

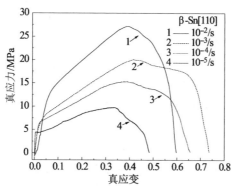

(b) [110]取向试样在不同应变速率下的真应力-应变曲线

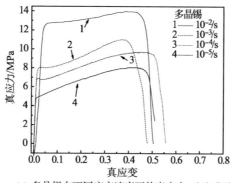

(c) 多晶锡在不同应变速率下的真应力-应变曲线

图 2.8　锡在不同应变速率下的真应力-应变曲线

[110]取向和[112]取向试样的真应力-应变曲线有很大的相似性,但存在两点不同:① [112]取向试样的最大真应力要比[110]取向试样的大,这是由于[110]取向具有最大的施密特因子(0.5);② 塑性存在较大的差别,[110]取向试样的延伸率比[112]取向试样高出很多。比较两者的真应力-应变曲线发现,[110]取向试样的颈缩断裂区比[112]取向试样的要长,延伸率的提高主要是通过这个阶段的延长实现的。同时说明[110]取向试样抵抗颈缩的能力要比[112]取向试样强很多。

2.4.3 不同取向的单晶锡的加工硬化行为

目前,加工硬化机理还不清楚,有各种不同的理论对其进行解释。现阶段普遍认为,金属材料的加工硬化是由塑性变形过程中的多系滑移和交滑移造成的。在多系滑移过程中,由于位错的交互作用形成割阶、Lomer-Cottrell 位错锁等障碍,使位错运动的阻力增大,产生硬化。不同材料发生加工硬化的能力可以用加工硬化指数来表征。Hollomon 给出了表述加工硬化行为的真应力-应变关系的经验公式:

$$S = Ke^n \tag{2.1}$$

式中,S 为真应力;e 为真应变;K 为常数;n 为加工硬化指数,n 值越大,表示试样发生加工硬化的能力越强。n 值与材料层错能有非常密切的关系,层错能高的材料 n 值就小,一般金属材料的 n 值在 0.1~0.5。表 2.4 列出了[112]取向、[110]取向的单晶锡和多晶锡在不同应变速率下的 n 值。

表 2.4 中的数据说明,[110]取向的单晶锡有非常高的加工硬化指数(0.55),高于[112]取向的最大值 0.48,两种取向的单晶体的加工硬化指数都高于多晶体,说明单晶锡的层错能要远低于多晶锡。

表 2.4　[112]取向、[110]取向的单晶锡和多晶锡在不同应变速率下的 n 值

应变速率/s^{-1}	n		
	[112]取向	[110]取向	多晶
10^{-2}	0.47	0.52	0.13
10^{-3}	0.45	0.55	0.32
10^{-4}	0.48	0.54	0.23
10^{-5}	0.43	0.54	0.24

在拉伸过程中,应变速率 $\dot{\varepsilon}$ 是恒定的,一般可以表示为弹性应变速率 $\dot{\varepsilon}_e$ 与塑性应变速率 $\dot{\varepsilon}_p$ 的叠加。在塑性变形大量开始以后,$\dot{\varepsilon}_e$ 相对于 $\dot{\varepsilon}_p$ 非常小,可以忽略,因此 $\dot{\varepsilon}_p$ 可以近似为常数。根据应变速率 $\dot{\varepsilon}_p$ 与位错运动的速率 v 之间的关系,有

$$\dot{\varepsilon}_p = \Omega \rho_m v b \qquad (2.2)$$

式中,Ω 为取向因子;ρ_m 为可动位错的密度;b 为位错的柏氏矢量。

因为 $\dot{\varepsilon}_p$ 可近似为常数,所以可动位错的密度和位错运动的速率成反比关系。在加工硬化后期,随着可动位错的运动阻力增加,可动位错的密度 ρ_m 下降,根据式(2.2)可知,位错的运动速率将增大。位错运动速率 v 和材料所受有效应力 σ^* 之间的关系如下:

$$v = \left(\frac{\sigma^*}{\tau_0}\right)^{m'} \qquad (2.3)$$

式中,m' 表示位错运动速率对应力的敏感性,随着材料的不同而有所差异;τ_0 为位错以单位速率做运动所需的应力。

由式(2.3)可知,材料所受的有效应力将随着位错运动速率的增大而增大;在拉伸过程中,随着拉伸过程的进行,应变量增加,所需要的应力进一步增加,表现出加工硬化现象。

2.4.4　不同取向的单晶锡的应变速率敏感指数

单晶锡表现出非常强烈的应变速率依赖性,即使在室温环境下也表现得非常明显。图 2.9 示出了两种取向的单晶锡和多晶锡在不同应变速率下的拉伸强度(UTS)的双对数曲线。我们可以用

最大工程应力与应变速率之间的经验公式来描述这几条曲线。

$$\sigma = k\dot{\varepsilon}^m \qquad (2.4)$$

式中,σ 表示最大工程应力;k 为与材料有关的常数;$\dot{\varepsilon}$ 表示应变速率;m 为应变速率敏感指数。

通过对图 2.9 中结果的线性拟合,可知[110]和[112]取向的单晶锡和多晶锡都具有非常好的应变速率敏感性,m 值分别为 0.133,0.108 和 0.073。m 表示了试样的应力对应变速率敏感的情况,m 值越大,应力对应变速率越敏感。当金属的 m 值较大时,金属会表现出较好的塑性,当 m 值大于 0.3 时,表现出超塑性。当试样发生颈缩时,颈缩处的应变速率比均匀变形处的应变速率高出好几个数量级。因此,试样某处一旦发生很小幅度的颈缩,由于应变速率的敏感性,此处的流变应力急剧升高,发生强烈的加工硬化,抑制了这个区域颈缩的发展,变形转移到其他区域,颈缩发生了转移。

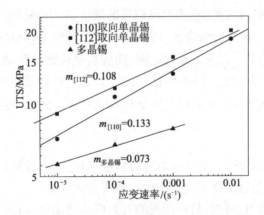

图 2.9　3 组试样的应变速率与拉伸强度的关系

2.4.5　不同温度下 β-Sn 的拉伸实验

图 2.10 示出了[110]、[112]取向单晶锡和多晶锡在 300,350 和 400 K 时,应变速率为 $10^{-4}/s$ 时的工程应力-应变曲线。3 个试样具有相似的特点:随着温度的升高,最大工程应力降低,延伸率下降。在相同的温度、相同的应变速率下,[110]取向试样的延伸

率都高于[112]取向,根据前文关于应变速率敏感指数的分析可知,应变速率敏感性不仅在室温下适应,在较高的相对温度($0.9T_\mathrm{m}$)下也是适应的。

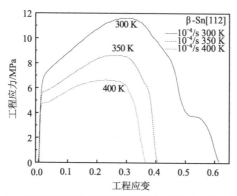

(a) [112]取向试样在不同温度下的工程应力-应变曲线

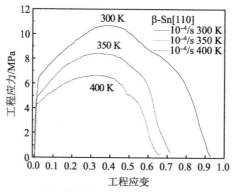

(b) [110]取向试样在不同温度下的工程应力-应变曲线

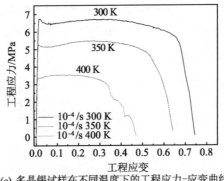

(c) 多晶锡试样在不同温度下的工程应力-应变曲线

图 2.10　3 组试样在不同温度下的工程应力-应变曲线

对于不同温度下材料的变形过程,可以用 Dorn 方程来表示,即

$$\frac{d\varepsilon}{dt}=A\left(\frac{1}{d}\right)^{p}\cdot\sigma^{n}\exp\left(-\frac{Q}{RT}\right) \tag{2.5}$$

式中,A 为前指因子;d 为晶粒直径(假设晶粒为球形);p 为与晶粒度有关的系数;Q 为激活能;n 为应力指数;R 为气体常数。A 反映组织变化。p,Q 和 n 反映材料的形变机制的变化。n 与应变速率敏感指数 m 之间存在倒数关系。

对式(2.5)两边取对数可以得到:

$$\ln\sigma=\frac{Q}{nR}\cdot\frac{1}{T}+\ln\frac{d\varepsilon}{dt}-\ln A+p\ln d \tag{2.6}$$

对于单晶体,$\ln\dfrac{d\varepsilon}{dt}-\ln A+p\ln d$ 为一常数。

根据 $\ln\sigma$ 和 $\dfrac{1}{T}$ 的关系可以得出变形过程的激活能 Q。图 2.11 示出了不同温度下,[110] 和 [112] 取向的单晶锡与多晶锡的 $\ln\sigma$-$\dfrac{1}{T}$ 曲线。

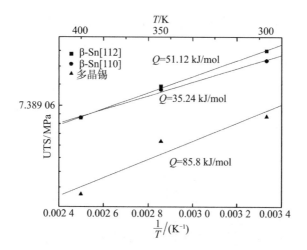

图 2.11　[112]和[110]取向单晶锡和多晶锡的 $\ln \sigma - \dfrac{1}{T}$ 曲线

根据曲线的斜率可以求出激活能：[110]取向单晶锡的激活能为 35.24 kJ/mol；[112]取向单晶锡的激活能为 51.12 kJ/mol；多晶锡的激活能为 85.8 kJ/mol。Brandes 和 Lange 等人通过对纯锡的研究得出，纯锡的自扩散激活能为 101~103 kJ/mol，晶界扩散激活能为 40~45 kJ/mol。多晶锡的变形激活能比自扩散激活能要低一些，两组取向的单晶锡在 130 ℃以下时的变形激活能在 35~52 kJ/mol，大约是自扩散激活能的一半，这与 Breen 和 Weertman 测得的值（46 kJ/mol）比较接近，且[110]取向上的变形激活能要比[112]取向上的低很多。对于这个激活能所对应的变形机制存在两种解释，Frieda 和 Poirier 等人认为，这个过程由交滑移机制控制，Weertman 和 Sherry，Evans 和 Knowles 等人认为这个过程由位错通过管道扩散发生攀移控制。然而他们都没有很好的证据来证明他们的观点。笔者认为，这个过程由交滑移机制控制。后文对于试样变形过程的滑移特征的观察很好地证明了这一点。

2.4.6　单晶锡的变形形貌

图 2.12 示出了室温下[112]取向的单晶锡在 10^{-4}/s 的应变速率下不同应变量的变形形貌。图 2.12a 是变形量较小时单晶锡表

面形貌,从图中可以看到一组近似平行的滑移带,滑移带的形貌不是非常清楚,这是由于变形量太小,同时还有两组平行的片状的孪生带。当变形量增加,滑移带变得清楚,如图 2.12b 所示。这时可以清楚地看到许多波纹状的滑移带,滑移带间有很多挤出物。这是由于锡的熔点较低,室温相当于一个较高的同系温度($0.6T_m$),所以单晶锡在室温下的变形具有高温形变的特性,出现挤出物。

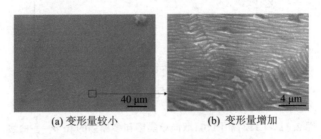

(a) 变形量较小 (b) 变形量增加

图 2.12　[112]取向的单晶锡的变形形貌

图 2.12 的形变结果说明形变孪生在变形量很小时就已经出现,早于滑移带的出现。孪生是指晶体在切应力的作用下沿着一定的晶面和晶向,在一个区域内发生连续有序的切变,变形的结果使一部分晶体的取向发生变化,最终使得变形的那部分晶体与未变形的那部分晶体保持镜面对称关系。这个对称面叫作孪生面,变形的晶向叫作孪生方向,孪生面和孪生方向合称为孪生要素。体心立方金属的孪生面为{112},孪生方向为<111>;密排六方金属的孪生面为{1012},孪生方向为<1011>;面心立方金属的孪生面为{111},孪生方向为<112>。β-Sn 具有体心四方的晶体结构,比体心立方金属的结构要复杂得多。从图 2.13 中可以看出,孪生面和{112}面(拉伸方向)之间约成 30° 的夹角,可见 β-Sn 的孪生要素和已知的体心立方金属的孪生要素不同。

图 2.13 是[110]取向的单晶锡沿着试样轴向预变形 20% 后(001)面表面形貌,从图中可以看到两组相交的滑移带,两组滑移带之间的夹角约为 90°,与[110]方向分别成 45°。在整个试样的表面都没有观察到变形孪晶。

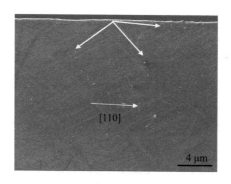

图 2.13　[110]取向的单晶锡预变形 20%后（001）面表面形貌

孪生是一种突发性的形变方式，在锡中很容易发生，孪晶的生长伴随着"咯吱"的声音。为什么[112]取向存在孪晶，而[110]取向上没有？因为 β-Sn 是体心四方的晶体结构，[110]取向的对称性要高于[112]取向，根据孪生的定义可知，孪生的效应是把晶体中不对称的原子组态转化为以孪生面为对称面的映射组态，所以孪生容易发生在一些对称性不高的晶体方向上。

可以从位错的角度对孪晶的生长特征进行微观的解释，孪生区域和基质的界面可以用一列不全位错（也称为孪生位错）来表示，在切应力的作用下，孪生位错墙发生移动，将未发生孪生的区域转化为孪生区域，促使孪生带进一步生长。这个设想已经通过观察钽铌合金的孪生界面得到证实。根据这个设想，孪生带的生长受到阻碍时，孪生位错的塞积会引起应力的高度集中，触发进一步的塑性变形。孪生位错的运动还会引起层错的扩展，因而要比一般位错的滑移困难。另外，孪生位错的生长是由孪生位错成核控制的，孪生位错的成核要比使它运动更加困难，因此一旦成核，孪生就能顺利进行下去。

结合以上讨论可知，图 2.13 中的两组滑移带分别平行于[100]方向和[010]方向。当拉伸轴沿[110]方向时，在（010）面上的<100>方向的施密特因子最大为 0.5，因此这组滑移系应该最容易开动。图 2.13 中的滑移带就是由（010）／[100]方向和（100）／[010]方向的多系滑移组成的。因此，单晶锡在[110]取向首先开动的滑移系是{010}/<100>。Nagasaka 对[110]取向单晶锡也做了类似的实验,发现首先开动的滑移系是(100)/[010],而没有发现(010)/[100]。从最大的施密特因子的角度来看,这两组滑移系是等价的。Ojime 在[110]取向的试样的表面没有观察到滑移带,然而他通过腐蚀位错露头的方法,确定了首先开动的滑移系是(010)/[100]和(100)/[010],这和笔者直接观察到的结果是一致的。

Nagasaka 等人还对不同温度下[110]取向的单晶锡的滑移系进行了观察,他们发现在较低的温度(77 K)下,首先开动的滑移系是(100)/[011]。当温度升高到 200 K 以上时,首先开动的滑移系才是(100)/[010]。由此可见,滑移系的开动受到温度的严重影响。

位错环在滑移的过程中,螺型位错如果遇到障碍物,可以转移到另外一个晶体学允许的面上进行交滑移。[112]取向试样的变形过程就是刃型位错的滑移和螺型位错的交滑移结合的过程,层错能的高低反映了交滑移的难易程度,根据前文对加工硬化指数的分析可知,[112]取向试样的层错能较高,容易发生交滑移,所以其滑移变形表现为波纹状的滑移带,[110]取向试样较难发生交滑移。

如图 2.14 所示,[110]取向的单晶锡发生多系滑移时,两个滑移系上的位错会有交互作用,产生交割作用或者产生孪晶,因此,多系滑移会产生较强的加工硬化。这和[110]取向的加工硬化指数高于[112]取向的加工硬化指数这一结果很吻合。这种变形孪晶在[110]取向的试样中没有发现,说明变形孪晶与晶体的取向有非常大的关系。

总而言之,[110]取向和[112]取向单晶锡的变形形貌存在非常大的差异:[110]取向单晶锡发生 (010)/[100]方向和(100)/[010]方向的多系滑移;[112]取向单晶锡发生交滑移的同时还存在孪晶。

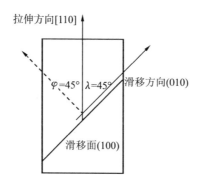

图 2.14　[110]取向的单晶锡的滑移系开动简图

2.4.7　临界分切应力(CRSS)

单晶体是各向异性的,在某一个特定滑移面上会出现特定的滑移方向,这个滑移面和滑移方向组成一个特定的滑移系。大部分单晶体存在很多种滑移系,对于 β-Sn 单晶体,已知的滑移系有 8 组。对于某一确定取向的单晶体拉伸,当外力在某个特定的滑移面上的滑移方向上的分切应力达到某个临界值(临界分切应力 τ_c)时,这个滑移系才开始运动。当存在多个滑移系时,一般只有在某个滑移系上的分切应力最大且大于 τ_c 时,这个滑移系才会开动。滑移系的开动是晶体进入塑性的重要标志。

Schmidt 定理给出了材料滑移系开动时,发生塑性变形的临界分切应力 τ_c 的计算公式:

$$\tau_c = \sigma_s \cos \varphi \cos \lambda \tag{2.7}$$

式中,σ_s 为屈服强度;φ 为拉伸方向与滑移方向法向之间的夹角;λ 为拉伸方向与滑移面之间的夹角。

图 2.15 为[110]取向的单晶锡在 300 K、应变速率为 10^{-4}/s 时的工程应力-应变曲线,从图中可得出屈服强度 $\sigma_s = 6.2$ MPa($\sigma_{0.2}$)。宏观的材料拉伸指标 σ_s 在单晶条件下即为 τ_c,意味着材料开始进入塑性变形阶段。

根据首先开动的滑移系是{010}/<100>,结合图 2.14,利用 Schmidt 定理,计算出开动这个滑移系的临界分切应力为

$$\tau_c = \sigma_s \cos \varphi \cos \lambda = \sigma_s \cos 45° \cdot \cos 45° = 3.1 \text{ MPa}$$

利用相同的办法可以得到不同温度下开动 $\{010\}/<100>$ 滑移系的临界分切应力,见表 2.5。

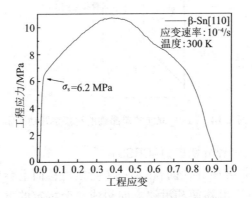

图 2.15　[110]取向的单晶锡在 300 K、应变速率为 $10^{-4}/s$ 时的工程应力-应变曲线

表 2.5　[110]取向的单晶锡在不同温度下的临界分切应力

温度/K	临界分切应力/MPa
300	3.10
350	2.01
400	1.90

从表中可以看出,随着温度的升高,临界分切应力的值逐渐减小。已知滑移系的开动可以用位错机制解释,位错运动所需要克服的阻力称派-纳力,它可用下式表示:

$$\tau_{\text{P-N}} = \frac{2\pi G}{1-\gamma} \exp\left[\frac{-2\pi d}{(1-\gamma)b}\right] \tag{2.8}$$

式中,d 为晶面间距;γ 为泊松比;b 为柏氏矢量;G 为切变模量。

派-纳力越小,位错越容易运动,越容易发生滑移。因为原子最密排面的晶面间距是最大的,所以滑移容易发生在原子最密排面上。当温度升高时,材料发生膨胀,晶格常数也增大,原子最密排面的晶面间距增大,派–纳力变小,滑移更加容易,发生滑移需要克服的临界分切应力减小。我们可以近似地认为滑移系开动的难易程度由派–纳力决定,临界分切应力与晶格常数之间存在幂函数关系。

另外,可以用位错线越过障碍的热激活过程来解释临界分切应力随温度的变化。假设位错线越过一个障碍需要的激活能是 H,晶体的原子在不停地做不规则的热振动,引起位错线沿着滑移面做不规则的振动,如图 2.16 所示。根据能量均分定理得出位错的振动能是 $kT/2$,则位错线在障碍间的不规则运动可以用平均速率 v 表示:

$$v = \frac{Av}{l_0}\exp\left(-\frac{H}{kT}\right) \tag{2.9}$$

式中,v 为位错线振动的频率;A 为位错线越过一个障碍后扫过的面积;l_0 为障碍的平均间距;k 为与材料有关的常数;T 为相对温度。

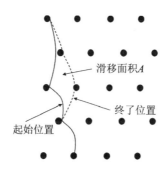

滑移面积 A

终了位置

起始位置

图 2.16　位错线在障碍间的进程

应变速率与位错的平均速率之间的关系可以用下式表示:

$$\dot{\varepsilon}_{\mathrm{p}} = \Omega\rho_{\mathrm{m}}vb \tag{2.10}$$

式中,Ω 为施密特因子;ρ_{m} 为位错密度;b 为柏氏矢量。

把式(2.9)和式(2.10)代入式(2.5)可以得到:

$$\tau_{\mathrm{c}} = k\left[\Omega\rho b\frac{Av}{l_0}\exp\left(-\frac{H}{kT}\right)\right]^m \tag{2.11}$$

对式(2.11)两边取自然对数,得到 $\ln \tau_c$ 与 $\dfrac{1}{T}$ 的关系式:

$$\ln \tau_c = -m\,\frac{H}{k}\cdot\frac{1}{T}+\ln k + m\ln\left(\Omega\rho b\,\frac{A\nu}{l_0}\right) \qquad (2.12)$$

图 2.17 示出了不同温度下开动(010)/[100]滑移系的临界分切应力,通过曲线的斜率可以得出位错线越过障碍需要的激活能 H 为 37.7 kJ/mol。

临界分切应力数值存在很大的温度依赖性。而就同一滑移系而言,不同研究者得到的数据又存在很大的分散性,这或许是由实验所用试样的纯度、应变速率各不相同引起的。其中,Hirokawa、Weertman 和 Breen 的实验应变速率相同,均为 10^{-4}/s。Hirokawa 实验用试样纯度为 99.999%,Weertman 和 Breen 所用试样纯度则是 99.99%。而来自 Obinata 和 Schmid 以及 Bausch 的数据则实验条件不明,这就无形中给我们的分析带来了一定的困难。因此,进一步在统一条件下得到可比拟的实验数据具有一定的实验和理论价值。

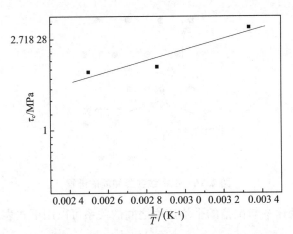

图 2.17 不同温度下开动(010)/[100]滑移系的临界分切应力

根据以上对[110]和[112]取向的单晶锡在不同温度和不同应变速率下进行的拉伸实验,结果总结如下:

① β-Sn 单晶体在室温下的变形对应变速率非常敏感,[110]

取向的 m 值为 0.133,高于[112]取向的 m 值 0.108,明显高于多晶体的 m 值 0.073。[110]取向和[112]取向单晶体的拉伸过程存在很强烈的加工硬化,以应变速率为 $10^{-4}/s$ 条件下的 n 值为例,[110]取向的 n 值为 0.54,高于[112]取向的 n 值 0.48,明显高于多晶体的 n 值 0.23。

② 在 300~400 K 的温度范围内,[110]取向的 β-Sn 单晶体的变形以多系滑移方式进行,变形的激活能约为 35 kJ/mol;[112]取向的 β-Sn 单晶体以交滑移和孪晶方式进行变形,变形激活能约为 51 kJ/mol。两种取向的 β-Sn 单晶体的变形激活能约为自扩散激活能的一半,整个形变过程是由交滑移机制控制的。

③ β-Sn 单晶体在室温时首先开动的滑移系为 $\{010\}/<100>$,发生滑移的临界分切应力为 3.1 MPa。随着温度的升高,临界分切应力的值减小。

2.5　单晶锡的蠕变

β-Sn 的熔点比较低,在室温下容易发生蠕变,因此蠕变性能便成为锡基焊料性能的重要指标。研究蠕变机制对于研制各种新型焊料以及合理地使用现有的焊料合金都有很重要的意义。蠕变性能测试有两种实验方法:一种是恒定载荷下,测定应变随加载时间的变化,也就是常说的蠕变实验;另一种是在恒定位移条件下,测定应力随时间的衰减,即应力松弛实验。β-Sn 的应力松弛实验数据很少,笔者仅查到 1970 年 Yomogita 沿着接近[$\bar{1}$10]方向进行的应力松弛实验,该实验得到的结果和纯锡一致,即应力松弛幅度和预形变阶段的初始应变速率、应变量、松弛时间有关。

2.5.1　锡的蠕变曲线和蠕变机制

β-Sn 多晶体在常温、不同应力下的典型蠕变曲线表现为,随着加载应力的增加,蠕变速度增加,而蠕变断裂寿命缩短。蠕变曲线分为三个阶段,即瞬态蠕变、稳态蠕变及加速蠕变阶段,这与传统的合金蠕变曲线是一致的。而在单晶锡的蠕变曲线中却只有瞬态蠕变和稳态蠕变两个阶段(见图 2.18)。Suh 等人的拉伸蠕变曲线和 Chu 等人的压痕蠕变曲线均是如此。造成这一分歧的原因可能是 Suh 所用实验试样很薄,断裂阶段的蠕变在曲线中没有得到反映;至于压痕蠕变曲线,则是由于压痕蠕变实验不存在蠕变断裂阶段。

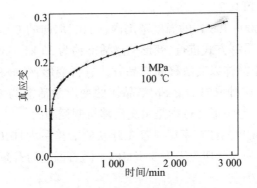

图 2.18　单晶锡的蠕变曲线

测定激活能对于了解蠕变机制有很大帮助。表 2.6 列出了不同研究者得到的 β-Sn 蠕变激活能数据,从表中数据可发现,激活能大小和应力、温度区间以及单晶取向等有很大关系。最早关于 β-Sn 的蠕变研究,是 Shoji 和 Tyte 于 1938 年在一定载荷下对 β-Sn 多晶体的实验,但他们没有进行激活能数据处理。随后 Breen 和 Weertman 进行了多晶锡拉伸蠕变实验、单晶锡的拉伸和压缩蠕变实验,均观察到两个激活能,具体数值如表 2.6 所示。

表 2.6　激活能数据

项目 研究者	时间	加载 方式	试样 取向	应力/ MPa	高温 激活能/ (kJ·mol^{-1})	低温 激活能/ (kJ·mol^{-1})	温度 区间/℃
Breen, Weertman	1955		多晶	4.3~ 9.6	109.2	46.2	90~160
Breen	1956	拉伸	[100], [110]	4.6~ 6.0	92.4	46.2	110~ 130

项目 研究者	时间	加载 方式	试样 取向	应力/ MPa	高温 激活能/ $(kJ \cdot mol^{-1})$	低温 激活能/ $(kJ \cdot mol^{-1})$	温度 区间/℃
Weertman	1957	压缩	[001]	6.3	102.9	50.4	
Chu,Li	1979	压痕	[100]	12~16	105.0~ 109.2	42	110~130
			[001]	16~20		34.44	
			[110]	16~20		35.28	

同时,Weertman 对 Tyte 的实验数据进行重新处理,在以蠕变速率的对数为纵坐标、以温度为横坐标的曲线上发现有一弯曲存在,从而说明了 β-Sn 的蠕变行为确实和温度有关。

根据 Breen 和 Weertman 的数据,当应力在 4.3~9.6 MPa 范围时,多晶锡的高温激活能和低温激活能分别为 109.2 kJ/mol 和 46.2 kJ/mol;在单晶锡的拉伸蠕变实验中,当应力在 4.6~6.0 MPa 范围时,单晶锡的高温激活能和低温激活能分别为 92.4 kJ/mol 和 46.2 kJ/mol。在单晶锡的压缩蠕变测试中,当测试载荷为 6.3 MPa 时,得到的高温激活能和低温激活能分别为 102.9 kJ/mol 和 50.4 kJ/mol。这些结果表明,单晶锡与多晶锡的高温蠕变结果几乎一致;单晶锡的蠕变机制和温度相关,在不同的温度区间,蠕变机制各不相同。

Meakin 和 Klokholm 研究表明,锡沿着 c 轴方向的自扩散激活能为 107.52 kJ/mol;垂直于 c 轴方向的分别为 97.86 kJ/mol 和 105.42 kJ/mol,这些自扩散激活能的数值和高温激活能相近,说明高温蠕变受原子扩散过程控制。位错的攀移、空位的定向扩散和晶界滑动等包含原子的扩散过程。Weertman 认为单晶锡的高温蠕变过程主要受位错攀移控制,高温稳态蠕变速率与应力的关系服从幂律,应力敏感指数范围为 3.6~5.1。具体的关系式如下:

$$\dot{\varepsilon} = A\sigma^n \Psi / kT \tag{2.13}$$

$$\Psi = B\exp[-(Q_a + Q_c)/2kT] + \exp(-Q_c/kT) \tag{2.14}$$

式中,$\dot{\varepsilon}$ 表示稳态蠕变速率;A,B 为材料常数;Q_a,Q_c 为沿着 a,c 方

向的自扩散激活能;n 为应力敏感指数;ψ 为热激活过程变量;k 为与材料有关的常数;T 为绝对温度。

1968 年 Hirokawa 等关于锡沿着[010]方向的拉伸蠕变实验结果和 Weertman 的幂律结果有所偏差,偏差主要是在低应力区。另外,Hirokawa 的结果分散性比较大,很难从中提出有意义的激活能数值。

为了观察压痕蠕变实验是否也能得到两个激活能,以及应力的瞬态温度依赖性,压头尺寸效应与蠕变机理,1979 年 Chu 和 Li 研究了单晶锡在[001],[100]以及[110]3 个方向的蠕变,得到了 3 个方向的高温压痕蠕变的可靠数据。稳态压痕测试蠕变速率和温度的依赖关系可以划分为两个阶段。在高温区,3 个方向的激活能均为 105.0～109.2 kJ/mol,应力对激活能没有太大影响。而在低温区,激活能大小对应力变化有一定的依赖性。当应力范围为 16～20 MPa 时,[001]方向的激活能为 34.44 kJ/mol;应力范围为 12～16 MPa 时,[100]方向的激活能为 42 kJ/mol;应力范围为 16～20 MPa 时,[110]方向的激活能为 35.28 kJ/mol。在整个测试温度和应力范围内,压痕蠕变速率对应力的依赖关系遵循幂律关系,其中,应力敏感指数范围为 3.6～5.0,这一关系和用传统蠕变测试法得到的结果一致。且在低温下压痕周围产生的滑移线比高温下的多。[001]方向在低温下可以观察到铅笔式滑移,而在高温下则没有这一现象,加上高温蠕变激活能和自扩散激活能的数值可以比拟,所以他们认为,低温过程包含位错滑移,而高温过程则具有位错攀移特性。

2.5.2 单晶锡的应力松弛

电子产品在使用的过程中常会因为热疲劳而失效,出现这个问题的原因是元件中的各种材料的热膨胀系数(α)不同,导致各种材料在高温或者低温下服役时,以不同的速率膨胀,从而使界面处产生应变。如果这种应变足够大,将会使应力超过材料的屈服强度。经过若干次的温度循环,这种变形将积累并在不同材料的界面处产生裂纹。产生故障的循环次数与每次循环的应变量成正比关系,图 2.19 示出了温度循环载荷和热冲击载荷循环过程中焊点形变的过程。

从图 2.19 可以看出,随着温度的升高,基板的膨胀量要大于电子元件的膨胀量,这就造成了焊点的应变。随着电子产品向小型化趋势发展,焊点的尺寸越来越小,这种因为热膨胀不匹配导致的应变越来越大,严重缩短了电子产品的寿命。

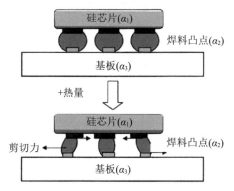

(a) 热膨胀系数失配引起的焊点承受剪切载荷示意图

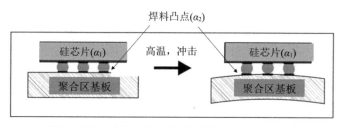

(b) 焊点在封装中受热弯曲时引起的焊料连接体拉伸形变示意图

图 2.19　焊点形变过程

为了预测电子产品的寿命,人们常常利用温度循环实验来进行电子产品的寿命与可靠性预测,但是这不能从根本上延长电子产品的寿命或者解决应力失配导致失效的问题,因此必须从原理方面研究电子产品的可靠性。对于大多数焊料来说,室温是一个非常高的同系温度,因此一些与时间有关的行为如蠕变、应力松弛、表面和微观结构的变化都会对电子产品的可靠性造成影响。

通常锡在使用过程中的同系温度要高于 0.7,因此依赖于时间的变形方式研究非常重要,应力松弛实验是在较高温度下研究依赖于时间的变形行为的一种理想的实验方法。它采用一种恒位移的变形方式,当材料发生一定程度的变形后,保持这个变形,测试应力随着时间衰减的情况。图 2.20 是一个典型的应力松弛曲线。应力松弛实验与拉伸蠕变实验相比较,具有三个优点:① 实验的时间相对较短。② 应力松弛的数据可以覆盖很宽的应力范围,在此应力范围内没有大的塑性变形积累,因此可在同一个试样上进行多次试验。③ 应力松弛实验过程中,微观组织保持相对稳定。

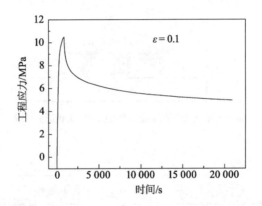

图 2.20 典型的应力松弛曲线

2.5.3 不同初始应变的单晶锡的应力松弛

为了考察单晶锡的应力松弛行为,笔者在相同的温度(室温)、初始加载速率为 $10^{-4}/s$ 的情况下,对 [110] 取向的单晶锡,进行不同初始应变的应力松弛实验。

图 2.21 示出了 [110] 取向的单晶锡,在室温、初始加载速率为 $10^{-4}/s$、初始应变为 0.1 条件下的应力松弛曲线,根据图 2.21 可以得出试样在初始加载过程的工程应力–应变曲线,如图 2.22 所示。

根据弹性模量的定义可知,应力–应变曲线的弹性部分的斜率值就是试样的有效弹性模量 E_{eff},从图 2.22 中数据可看出 E_{eff} 约为 446.8 MPa。

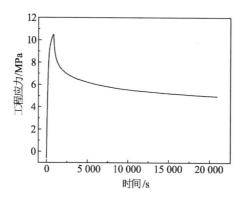

图 2.21　初始应变为 0.1 时的应力松弛曲线

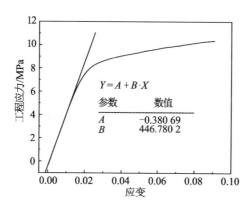

图 2.22　初始应变为 0.1 时的加载工程应力－应变曲线

图 2.23 示出了不同初始应变下[110]取向的单晶锡的松弛应力与时间之间的关系,从图中可以看出,在试样刚开始松弛的时候,应力松弛的速率非常快,但它随着时间的延长变小。随着时间的延长,应力达到一个稳定的值,应力松弛的速率变得非常小,如果继续松弛,则需要非常长的时间,因此可以认为应力松弛到达了一个平台区。取 5 000 s 时的应力松弛情况进行对比,图 2.24 示出了 5 000 s 时的应力松弛情况。从图 2.24 中可以看出,随着初始应变从 0.02 增加到 0.1,应力松弛量逐渐增加,松弛掉的应力占原来总应力的比值也逐渐增大,这说明应力松弛率随着初始应变的增

大而增大;当初始应变从 0.1 增大到 0.2 时,应力松弛量不再增加,松弛掉的应力占原来总应力的比值也与 0.1 时的相近,应力松弛的速率不再增大。

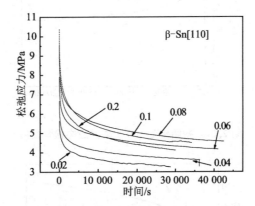

图 2.23 不同初始应变下[110]取向的单晶锡松弛应力与时间之间的关系

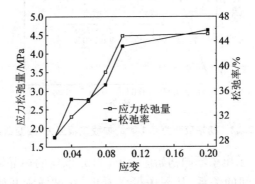

图 2.24 5 000 s 时不同初始应变下应力松弛的情况

根据应力松弛的原理可知,应力松弛过程是弹性应变随着时间的增加逐渐转化为塑性应变的过程,这个过程与弹性应变的总量一定存在一种关系。在以上实验中,当应力松弛到达一个平台区时,平台区对应的应力反映试样中存在的内应力,此时可近似认为试样没有弹性变形,因此可以把初始的应变与试样的弹性能结合起来。当试样没有发生大量塑性变形时,应变量越大,试样存储的弹性能就越高。应力松弛实验是在很小的塑性变形的情况下进行的,可以近似认为初始的应变可以表征试样存储的弹性能。当初始应变从 0.02 增大到 0.1 时,试样中的弹性能增大,试样松弛的速率也增大;当初始应变大于 0.1 时,应变的增加已经不能再引起试样弹性应变的增大(应变的增加使试样的塑性变形部分增加,对弹性部分贡献不大),试样存储的弹性能没有发生变化,这就解释了为什么初始应变从 0.1 增加到 0.2 时,应力松弛基本上没有发生变化。

　　图 2.25a 示出了应力松弛速率($-\mathrm{d}\sigma/\mathrm{d}t$)与松弛应力之间的关系,根据前文关于应力松弛的分析可知:应力松弛过程中试样的弹性应变转化为塑性应变的速率 $\mathrm{d}\varepsilon_\mathrm{e}/\mathrm{d}t=(-\mathrm{d}\sigma/\mathrm{d}t)/E_\mathrm{eff}$。把有效弹

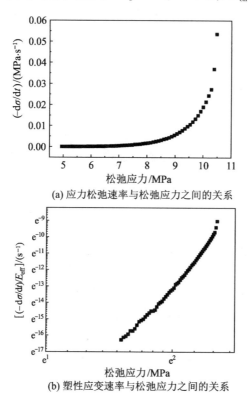

(a) 应力松弛速率与松弛应力之间的关系

(b) 塑性应变速率与松弛应力之间的关系

图 2.25　[110]取向的单晶锡的松弛速率与松弛应力之间的关系

性模量的值代入该式,就可以得到塑性应变的速率与松弛应力之间的关系,如图 2.25b 所示。

从图 2.25 中可以看出,当试样承受最大应力时,弹性应变转化为塑性应变的速率非常大。随着应力的降低,弹性应变转化为塑性应变的速率下降得非常快,曲线近似一条竖直线,在很短的时间内,塑性应变的速率降低了几个数量级;当应力继续降低,塑性应变速率随之降低,但降低的速率变小,曲线变得不那么陡。随着时间的增加,塑性应变增加,最终在 5 MPa 处松弛变得非常困难,此时的应力即为试样本身的内应力。

利用相同的方法可以得出初始应变分别为 0.02,0.04,0.06,0.08 和 0.10 时的应力松弛速率与松弛应力之间的关系,如图 2.26 所示。

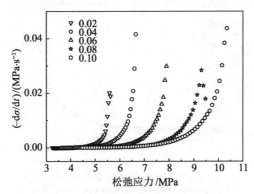

图 2.26 应力松弛速率与松弛应力之间的关系

从图 2.26 中可以看出,每条曲线都具有相同的特征:随着应力的下降,应力松弛速率下降。然而对于不同初始应变量,在松弛应力相同的条件下,应力松弛的速率不同。因为实验所用的试样是单晶体,每个试样都具有相同的晶体学特征,而且试样是在相同条件下制备出来的,可以认为它们具有相同的缺陷密度;实验的仪器和实验条件也相同,所以可以近似地认为所有的试样都是完全相同的。继而,可以认为一个取向的试样在不同初始应变条件下会发生如图 2.26 所示的一些过程。

对于单晶体来说,只有一个晶粒,晶体的取向是相同的,而且

在相同温度下,变形的激活能是相同的。因此可以把式(2.5)简化为如下形式:

$$\frac{d\varepsilon}{dt} = A' \cdot \sigma^n \tag{2.15}$$

对方程两边同时取自然对数可以得到:

$$\ln \frac{d\varepsilon}{dt} = \ln A' + n\ln \sigma \tag{2.16}$$

从式(2.16)可以看出,在对数坐标系下,$\frac{d\varepsilon}{dt}$ 与 σ 呈线性关系;且斜率为应力敏感指数 n,将图 2.26 的数据按此线性化,可得图 2.27。

图 2.27 示出了以自然对数为坐标的塑性应变速率(含有有效弹性模量的应力松弛速率)与松弛应力之间的关系。曲线的斜率就是此时材料的应力敏感指数。从图 2.27 中可以看出,所有曲线都表现出了较好的线性,它们的相对斜率分别是 12.5,12.7,12,10.4,8.8。从中可以看出,应力敏感指数随着初始应变的增加逐渐减小。从图 2.27 中可以看出,随着初始应变的增加,应力增加,这就说明在应力比较高时,应力敏感指数比较小,并且应力敏感指数有随着应力增加而减小的趋势。应力敏感指数 n 和应变速率敏感指数 m 存在倒数关系,从前文的拉伸实验中得出的应变速率敏感指数 m 为 0.133,m 的倒数约为 7.6,这数值与初始应变较大的情况下的应力敏感指数(8)比较接近。拉伸实验中的 m 值是在最大工程应力时得到的数据,这和初始应变较小时的应力敏感指数不吻合不矛盾。Chu 和 Li,Breen 和 Weertman 分别对[110]取向的单晶锡在不同温度下进行了压缩蠕变实验,他们在 60 ℃时得到的应力敏感指数为 5.0,这个值比笔者所得到的值小,这是因为他们的实验是压缩蠕变,并且是一种压痕实验。

从图 2.27 还可发现,在应力松弛的初始阶段,曲线非常陡,松弛速率下降得非常的快,在任何初始应变下都存在这种情况,随着松弛过程的进行,松弛速率的下降变得平缓,因为曲线的斜率代表着应力敏感指数,所以这种变化也说明在应力较高时,应力敏感指数较高。

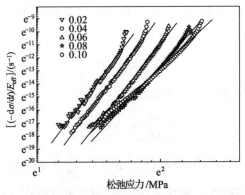

图 2.27 塑性应变速率（含有有效弹性模量的应力松弛速率）与松弛应力之间的双对数曲线

2.5.4 不同温度下单晶锡的应力松弛

为了考察单晶锡在不同温度下的应力松弛情况,对单晶锡在 300,350,400 K,初始应变为 0.06 的情况下进行了应力松弛的实验,结果如图 2.28 所示。

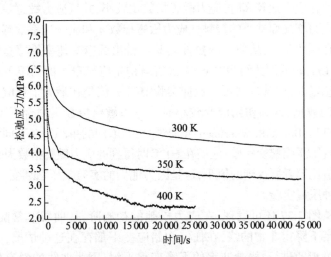

图 2.28 [110] 取向的单晶锡在不同温度下的应力松弛曲线

比较 3 个不同温度下的应力松弛曲线,发现较低温度条件下的曲线非常平滑,温度升高,曲线有些波动。但是 3 条曲线都有一个共同的趋势,即随着应力松弛时间的增加,松弛的速率(曲线的斜率)变小,并且最终趋于稳定。

　　对上述曲线进行处理,可以得到含有有效弹性模量的应力松弛速率与松弛应力之间的双对数曲线,如图 2.29 所示。

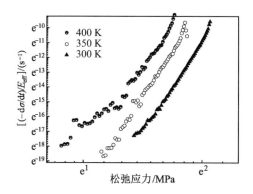

图 2.29　含有有效弹性模量的应力松弛速率与松弛应力之间的双对数曲线

　　图 2.29 所示 3 条曲线都具有很好的线性,并且 3 条曲线具有相同的特征,在松弛开始阶段,松弛曲线比较陡,松弛速率较高,随着时间的增加,松弛曲线变得不那么陡,并且曲线的斜率保持不变,这是因为松弛开始阶段具有较高的应力。曲线均具有好的线性,通过线性拟合得出了 3 条曲线的斜率:300 K 时为 12;350 K 时为 12.3;400 K 时为 8.7。通过前文公式可知,曲线的斜率就是此时材料的应力敏感指数。300 K 和 350 K 时的应力敏感指数非常接近,而温度较高时(400 K)的应力敏感指数比较低,为 8.7,这说明应力敏感指数严重受温度的影响,并且近似分成两段,在低温时约为 12,在高温时约为 9。Chu 和 Li 对[110]取向的单晶锡在不同温度下进行了压缩蠕变实验,发现应力敏感指数受到温度的影响,随着温度的升高,应力敏感指数逐渐减小,这与笔者的应力敏感指数分为两段的结果不一致,并且他们得到的应力敏感指数值较笔者的低。这与实验条件的差异等因素的影响有非常大的关系。

2.5.5 变形的激活能

对于锡来说,室温(300 K)时的同系温度(T/T_m)为 0.58,400 K 时的同系温度为 0.79,在如此高的同系温度下发生变形时,除了发生与时间不相关的塑性变形外,还发生了大量与时间相关的蠕变变形,这个过程属于热激活的过程。我们可以通过获取变形激活能的数据来判断材料在蠕变变形过程中的微观变形机理。根据前文可知,整个应力松弛的过程可以用 Dorn 方程描述。

为了获得激活能的数据,对 Dorn 方程进行变形,假设激活能 Q 在 300~400 K 范围内是一个与温度无关的常数,两边取对数,可以得到含有有效弹性模量的应力松弛速率$\left[$ 即蠕变速率,$\ln\left(-\dfrac{\mathrm{d}\sigma}{\mathrm{d}t}\Big/E_{\mathrm{eff}}\right)\right]$与温度的倒数的线性关系,即

$$\ln\left(-\frac{\mathrm{d}\sigma}{\mathrm{d}t}\Big/E_{\mathrm{eff}}\right)=-\frac{Q}{R}\cdot\frac{1}{T}+n\ln\sigma+\ln A \qquad (2.17)$$

根据这个线性关系,可以对对应曲线进行线性拟合,从而得出变形的激活能。表 2.7 列出了四个应力状态下的含有有效弹性模量的应力松弛速率。

表 2.7 不同应力、温度下含有有效弹性模量的应力松弛速率

应力/MPa	含有有效弹性模量的应力松弛速率/(s^{-1})		
	300 K	350 K	400 K
4.0	2.42×10^{-8}	1.09×10^{-7}	1.72×10^{-6}
4.5	5.43×10^{-8}	5.39×10^{-7}	3.29×10^{-6}
5.0	1.48×10^{-7}	1.72×10^{-6}	1.05×10^{-5}
5.5	4.21×10^{-7}	5.55×10^{-6}	3.27×10^{-5}

根据表 2.7 中的数据,以 $\ln\left(-\dfrac{\mathrm{d}\sigma}{\mathrm{d}t}\Big/E_{\mathrm{eff}}\right)$ 为纵坐标,以 $\dfrac{1}{T}$ 为横坐标作图,如图 2.30 所示,对曲线进行线性拟合可得到 4 条曲线的斜率分别为-5 010,-4 919,-5 116 和-5 233。取其平均值可以计算出变形激活能为 42.15 kJ/mol。

Weertman 和 Breen 在不同温度下对[110]取向的单晶锡进行了蠕变实验,发现单晶锡的变形存在两种不同的方式:当温度低于150 ℃时,变形的激活能约为 46 kJ/mol;当温度高于 150 ℃时,变形的激活能约为 92 kJ/mol。Fensha 发现锡沿着 c 轴发生自扩散的激活能为 44 kJ/mol,锡沿着 a 轴发生自扩散的激活能为 24.8 kJ/mol,笔者的实验结果,以及 Weertman 和 Breen 在低温区的实验结果,都和锡沿着 c 轴发生自扩散的激活能非常相近,由此可知,在 400 K以下的温度,应力松弛过程的物理机制是锡发生了沿 c 轴的自扩散。

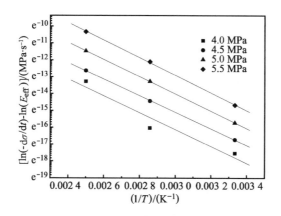

图 2.30　含有有效弹性模量的应力松弛速率与温度倒数的关系

对[110]取向的单晶锡进行的应力松弛实验总结如下:

① [110]取向的单晶锡的应力松弛曲线具有很好的线性,应力敏感指数范围为 8~12,其随着温度的变化有较大的变化,温度越高,应力敏感指数越小。

② 应力松弛速率与初始加载的应变存在一定的关系,初始应变越大,松弛的速率越大。随着初始应变的增加,应力也增加,应力敏感指数较小,并且有随着应力增加而减小的趋势。应力松弛过程的激活能为 42.15 kJ/mol,从物理机制角度理解,应力松弛的过程是沿 c 轴的自扩散过程。

2.6 多晶锡的拉伸力学行为

图 2.31 为多晶锡在不同应变速率下的应力-应变曲线。从图中的曲线可以看出,在弹塑性区,应力首先随着应变线性增加,屈服后有加工硬化,但范围很小;在流变区,随着应变速率的增加,曲线有上扬的趋势,即硬化过程较软化过程稍突出。从整体来看,硬化过程与软化过程基本保持平衡。

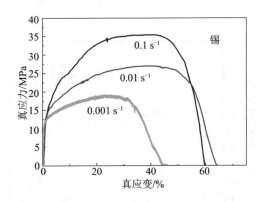

图 2.31　多晶锡在不同应变速率下的应力-应变曲线

对于上述曲线的这些特征,目前主要有两种观点。Mavoori 等人认为,这是一个与时间相关的变形过程,即在拉伸过程中伴随着蠕变的发生。这是因为锡在室温的同系温度较高,因此在室温下锡的拉伸变形中发生了蠕变热激活过程,这就导致在相对较低的应变速率下拉伸强度变得较低,即强度与速率有关,表现出速率敏感性。而 Vianco 等人认为,拉伸过程伴随回复和再结晶的发生,由于室温相对焊料的熔点较高,因此拉伸过程与一般金属的热加工过程类似,会有缺陷(点缺陷和线缺陷)的产生和消失,会出现明显的平台区域,达到形变的稳态,或者称该区域的形变为稳态流变行为。不论具体过程如何,曲线中这种在流变区的稳态流变行为可以看作加工硬化和动态回复相互平衡的结果。对于纯锡,其加工硬化略微高于动态回复,所以曲线上扬程度大。

对图 2.31 中的最大真应力(亦称为稳态最大流变应力,或抗拉强度)和应变速率取对数,得到图 2.32,可以看到,多晶锡的抗拉强度与应变速率满足如下经验关系:

$$\sigma = k\dot{\varepsilon}^m \qquad (2.18)$$

式中,σ 表示抗拉强度;k 为与材料有关的常数;$\dot{\varepsilon}$ 表示应变速率;m 为应变速率敏感指数。

通过对图 2.32 的结果进行线性拟合,得到纯锡和 SAC 共晶焊料的应变速率敏感指数 m 分别为 0.124 和 0.089。

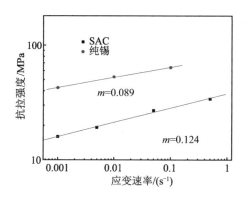

图 2.32　应变速率与抗拉强度的双对数关系

第 3 章　Sn-Bi 二元合金表征和性能研究

首先,研究 Sn-Bi 二元合金有助于后续对多元 Sn-Bi 系焊料合金的分析和开发。其次,Bi 元素的偏析以及 Bi 相的粗化对焊料合金的性能影响较大,因此要考虑 Bi 在合金中的占比。最后,目前针对 Sn-Bi 二元合金的微观变形和断裂机理的研究还需要进一步深入,特别是合金在不同条件下的宏观力学性能和变形过程中的微观组织演变问题。因此,本章先对 Sn-Bi 二元合金的微观组织进行观察、分析,测试其在不同应变速率下的拉伸性能,然后结合其微观组织形貌和不同应变速率条件下的力学性能与断裂模式进行相关性研究,最后通过原位拉伸实验研究不同 Bi 含量的 Sn-Bi 二元合金的变形行为与变形机制。

3.1　合金成分设计

Sn-Bi 系焊料能在 138~232 ℃的熔化温度范围内配制成合金,控制 Bi 含量是控制 Sn-Bi 二元合金熔化温度的一种有效手段。为了系统地研究 Sn-Bi 二元合金的微观组织变化与变形机制,本章设计了 Bi 的质量分数从 10%到 58%的 10 种不同成分的合金,如图 3.1 和表 3.1 所示。

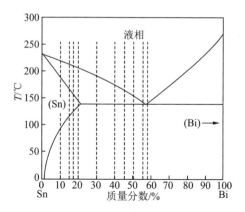

图 3.1　Sn-Bi 二元合金相图及合金成分设计

表 3.1　合金成分设计

合金	设计成分(质量分数/%)	
	Bi	Sn
Sn-10Bi	10	90
Sn-15Bi	15	85
Sn-17Bi	17	83
Sn-20Bi	20	80
Sn-30Bi	30	70
Sn-40Bi	40	60
Sn-45Bi	45	55
Sn-50Bi	50	50
Sn-56Bi	56	44
Sn-58Bi	58	42

3.2 合金表征

3.2.1 合金熔融特性

图 3.2 是不同 Bi 含量 Sn-Bi 合金的 DSC 曲线,样品加热速率为 2 ℃/min,测试环境为 Ar 气流。从图 3.2 可以看出,所有合金熔化时均在 140 ℃附近出现了 Sn-Bi 共晶相吸热峰(峰 1),且随着 Bi 含量的增加,该吸热峰逐渐增强,Bi 的质量分数为 10%,20%,30%,40%,50%的合金出现另一个吸热峰(峰 2),该峰的峰值温度随合金 Bi 的质量分数从 10%增加至 50%,从 219.4 ℃逐渐降低至 Sn-Bi 共晶温度附近(148.7 ℃)。根据 Sn-Bi 二元合金相图可以得知,这是由于合金成分偏离共晶点时,焊料合金成分偏离共晶点,合金中 β-Sn 相偏多。Bi 的质量分数为 58%的共晶合金只出现一个峰,峰值温度为 143.3 ℃。

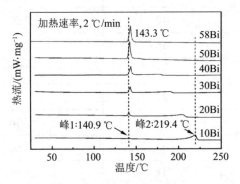

图 3.2 不同 Bi 含量 Sn-Bi 合金的 DSC 曲线

表 3.2 是 Sn-Bi 二元合金的熔融凝固特性统计情况,所有合金的固相线温度均在 140 ℃附近,液相线温度随 Bi 含量的增加逐渐降低,凝固起始点温度也随 Bi 含量的增加逐渐降低,Sn-Bi 共晶相(相 1)的过冷度在 12~26.3 ℃。合金的熔程随 Bi 含量的增加逐渐从 82 ℃降至 4.9 ℃。

表 3.2　不同 Bi 含量 Sn-Bi 合金的熔融凝固特性统计

成分（质量分数/%）		热学性能/℃											
		升温				降温					过冷度	加热	冷却
Sn	Bi	固相线	峰 1	峰 2	液相线	凝固起始点	峰 1	峰 2	峰 3	凝固结束点	Sn-Bi共晶相	熔程	熔程
90	10	139.9	140.9	219.4	221.9	210.3	114.6	210.1			26.3	82.0	101.6
80	20	139.8	141.4	204.1	209.1	193.0	130.5	192.9		128.7	10.9	69.3	64.3
70	30	140.3	143.0	189.4	195.7	179.1	130.0	178.9	96.3	83.9	13.0	55.4	95.2
60	40	140.6	143.7	177.0	181.4	165.5	130.5	165.2	89.3	81.1	13.2	40.8	84.4
50	50	139.8	142.5	148.7	158.0	163.4	130.5	144.0		128.8	12.0	18.2	34.6
42	58	140.1	143.3		145.0	130.4	129.2			127.1	14.1	4.9	3.3

3.2.2 合金微观组织

图 3.3 是通过扫描电子显微镜观察到的 Sn-xBi 二元合金的微观组织,所有合金均由明亮白色的富 Bi 相和灰色的富 Sn 相构成,两种相具有不同的晶体结构,富 Bi 相晶格为菱方结构,富 Sn 相晶格呈四方结构。从之前的 DSC 曲线(见图 3.2)能够看出,所有合金都存在共晶相,随着 Bi 含量的增加,冷却过程中白色的富 Bi 相从富 Sn 相中沉淀析出,白色的富 Bi 相逐渐增多。

从图 3.3a 中可以看到,当 Bi 的质量分数只有 10% 时,Bi 从富 Sn 相的边缘和富 Sn 相中沉淀析出,呈现出细小的颗粒状,晶粒宽度为 0.4~3 μm。如图 3.3b-d 所示,随着 Bi 的质量分数逐渐提高至 20%,富 Sn 相中有较多小尺寸的细条状的富 Bi 相析出,且出现粗大的富 Bi 相聚集现象,这是因为冷却过程中 Bi 在富 Sn 相中的固溶度降低,Bi 颗粒在富 Sn 相周围沉淀。同时,在 Bi 的质量分数提高至 20% 的过程中,固、液相线的距离逐步增大,合金具有较宽的凝固温度范围,导致凝固时 Bi 相不断析出长大。当 Bi 的质量分数增加至 30% 时(见图 3.3e),出现近乎连续分布的共晶组织,且细条状的 Bi 逐渐长大成为较大的球状颗粒,根据相图可知,这是由于液相中 Bi 的含量较高,凝固过程中过饱和的溶质原子 Bi 大量析出。当 Bi 的质量分数增加到 40% 时,共晶组织联结成网状结构(见图 3.3f)。随着 Bi 的质量分数继续增加到 56%,出现大量片层状的富 Bi 相和与 Sn-58Bi 相似的典型的网状共晶组织形貌(见图 3.3g-j)。在这样的 Bi 含量下,液态合金中初生富 Sn 相首先凝固,然后初生相周围发生共晶反应,形成了连续分布的片层状共晶组织。这是因为在 Sn-Bi 亚共晶合金中 Bi 含量的增加促进了共晶组织的生长,使得富 Sn 相减少。因此,Sn-(40,45,50,56)Bi 亚共晶合金的微观结构(见图 3.3f-i)是由交联网状的 Sn-Bi 共晶相和富 Sn 相组成的。

图 3.3j 显示了 Sn-58Bi 合金的微观组织,由于凝固过程中的瞬时相分离,合金中形成了典型的片层或条纹共晶组织,由相图可知这是交替分布的富 Sn 相和富 Bi 相,其共晶组织结构十分复杂,包

含 3 种特征结构:较细的共晶区、较粗的共晶区和"鱼骨"状共晶结构,而且近共晶合金(见图 3.3i)中也能够看到这样的结构。这些结构的差异主要由凝固过程热参数的变化所引起,与非平衡凝固条件下共晶生长过程中凝固界面的热不稳定性有关。例如,冷却速度越快,晶粒越细,因此 Sn-58Bi 共晶组织的结构差异可以归因于冷却过程中与局部热流相关的热不稳定性,这是典型的非稳态冷却条件。因此,冷却速度较快时,热不稳定性加剧,某些位置形成了较细的共晶组织,它们像"孤岛"一样并被较粗的共晶组织和富 Sn 相枝晶所包围,而"鱼骨"状共晶结构通常出现在富 Bi 相的层状结构附近。

对比图 3.3 的微观组织能够看出,Sn-40Bi 合金中呈现的共晶组织结构相对于 Sn-58Bi 共晶合金更粗大,有研究认为,当 Bi 的占比下降后,合金组分进入亚共晶区域并且熔程扩大,凝固过程中初生富 Sn 相释放相变潜热,导致后形成的共晶组织过冷度降低,组织粗化。

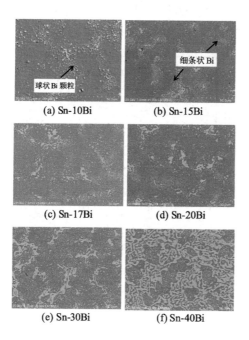

(a) Sn-10Bi　　　　　(b) Sn-15Bi

(c) Sn-17Bi　　　　　(d) Sn-20Bi

(e) Sn-30Bi　　　　　(f) Sn-40Bi

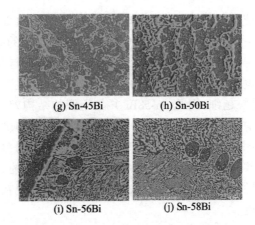

(g) Sn-45Bi　　　　(h) Sn-50Bi

(i) Sn-56Bi　　　　(j) Sn-58Bi

图 3.3　Sn-xBi 二元合金微观组织

图 3.4 所示为不同 Bi 含量 Sn-Bi 二元合金的 XRD 图谱,相分析结果显示,合金主要由 Sn,Bi 两相构成,随着 Bi 含量的增加,2θ 为 30.5°,31.9°,43.7°,44.7°,55.2°等位置 Sn 的衍射峰逐渐减弱,2θ 为 22.4°,27.1°,37.9°,39.6°,45.8°,48.7°,56.0°,59.2°,64.5°,70.8°等位置附近 Bi 的衍射峰逐渐增强。

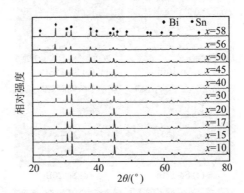

图 3.4　Sn-xBi 二元合金的 XRD 图谱

3.3　Sn-Bi 合金力学性能和断口形貌分析

3.3.1　力学性能分析

由于力学拉伸实验的拉伸速率对力学性能指标,如屈服强度、抗拉强度、延伸率等有较大的影响,此外,考虑到 Sn-Bi 合金的应变速率敏感性,本节研究了 25 ℃下 Sn-xBi(x = 10,15,17,20,30,40,45,50,56,58)合金在应变速率为 10^{-2} s^{-1} 条件下的力学性能。

室温下不同 Bi 含量 Sn-Bi 合金的抗拉强度和延伸率如图 3.5 所示。拉伸实验的应变速率为 10^{-2} s^{-1},结果显示,随着 Bi 含量的增加,合金抗拉强度呈现先增大后减小的趋势,Bi 的质量分数为 17%时,抗拉强度最大(83.37 MPa),之后随着 Bi 含量的增加,抗拉强度逐渐减小,Sn-58Bi 共晶合金的抗拉强度为 59.06 MPa。

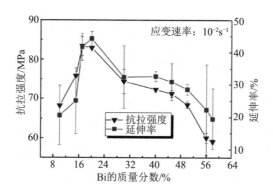

图 3.5　25 ℃下不同 Bi 含量 Sn-Bi 合金的抗拉强度和延伸率

结合图 3.3 合金的微观组织可以发现,Bi 的质量分数小于 20%时,合金组织主要以富 Sn 相为主,此时 Bi 原子在 Sn 相中有一定的固溶,并且析出的弥散分布的细小 Bi 颗粒也为位错运动提供了阻力。而当 Bi 的质量分数大于 20%时,合金组织以大量的片层状富 Bi 相共晶组织为主,因此可以证明富 Sn 相的强度大于共晶相。此外,合金的延伸率也随着 Bi 含量的增加呈现先增大后减小的趋势,Bi 的质量分数为 20%时,延伸率达到最大(44.18%)。Bi

的质量分数大于 20% 时,延伸率总体呈下降趋势,Sn-58Bi 共晶合金的延伸率为 19.45%。

3.3.2 断口形貌分析

图 3.6 显示了 10^{-2} s^{-1} 应变速率下 Sn-xBi 二元合金的拉伸断口形貌。当 Bi 含量较低时,断口为典型的微孔聚集型断裂,断口表面分布着大量的韧窝(见图 3.6a)。随着 Bi 的质量分数逐渐增加到 20%,韧窝尺寸明显变大且出现了一些撕裂棱(见图 3.6b - d)。当 Bi 的质量分数达到 30% 时,韧窝开始减少,出现解理台阶(见图 3.6e)。当 Bi 的质量分数从 30% 逐渐增加到 58%,断口呈韧窝和解理混合的断裂特征,韧窝尺寸变小,撕裂棱较浅,局部产生微裂纹扩展断口,二次裂纹增多且沿着滑移线进行,沿晶断裂特征明显(见图 3.6f - i)。

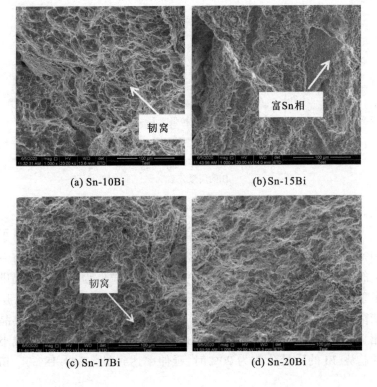

(a) Sn-10Bi

(b) Sn-15Bi

(c) Sn-17Bi

(d) Sn-20Bi

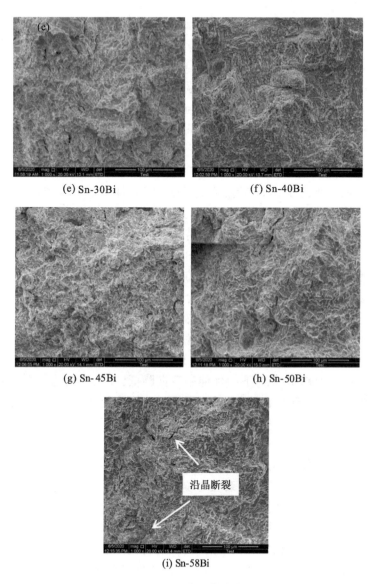

(e) Sn-30Bi　　　　　　　　　(f) Sn-40Bi

(g) Sn-45Bi　　　　　　　　　(h) Sn-50Bi

(i) Sn-58Bi

图 3.6　Sn-xBi 二元合金的拉伸断口形貌

综上,这与前文研究得出的随着 Bi 含量的增加,Sn-Bi 二元合金拉伸断裂后的延伸率先增大后减小的结果是吻合的。

3.3.3　不同应变速率下合金力学性能分析

考虑到 Sn-Bi 系合金的熔点较低,其在室温下即能表现出许多合金在高温条件下才有的现象,其同系温度(T/T_m)在 0.6~0.72 范围内(大于 0.5),蠕变效应随温度的升高和时间的增加变化十分显著,因此本小节通过研究应力与应变速率的关系来探究 Sn-Bi 合金的速率敏感性。对不同 Bi 含量的 Sn-Bi 合金在 4 种不同的应变速率(10^{-1},10^{-2},10^{-3},10^{-4} s^{-1})下进行拉伸实验并比较,计算得到相应的应力-应变曲线,如图 3.7 所示。从图 3.7 能够看出 Sn-Bi 合金在拉伸过程中没有明显的屈服点,且弹性变形阶段较短,合金所受拉伸应力迅速提高并经历应变硬化阶段,塑性变形抗力较高,到达最大应力点后,随着应变的持续增加,应力逐渐下降。

从图 3.7 可明显看出,所有 Sn-Bi 合金的最大工程应力(抗拉强度)都随着应变速率的增加逐渐提高。如图 3.7a - e 所示,当 Bi 的质量分数介于 10%~30% 时,合金在较高的应变速率 10^{-1} s^{-1} 下的应变程度较大,对应合金的颈缩阶段较长,Bi 含量提高后,合金延伸率明显降低。相反,应变速率为 10^{-4} s^{-1} 时,拉伸速度较慢,合金的延伸率表现并不优秀。随着 Bi 含量的提高(见图 3.7f - j),合金在应变速率 10^{-1} s^{-1} 下的延伸率逐渐降低,并在较低的应变速率 10^{-4} s^{-1} 下,表现出了高延伸率的特征,Bi 的质量分数为 58% 时,延伸率达到了 70%。

综上可以发现,当 Bi 含量较低时,合金在较高的应变速率下拥有更好的延伸率。此外,关于产生上述曲线的原因,目前有两种观点:一种观点认为由于同系温度较高,合金在拉伸变形过程中发生了蠕变热激活,这就导致在应变速率较低的情况下,抗拉强度降低,即应力的应变速率敏感性。另一种观点是,合金在拉伸的过程中伴随着组织的回复和再结晶,实验过程同系温度较高,此条件与一般金属的热加工过程十分相似,缺陷的产生和消失在变形过程中交替进行,使得拉伸曲线呈现明显的平台区。

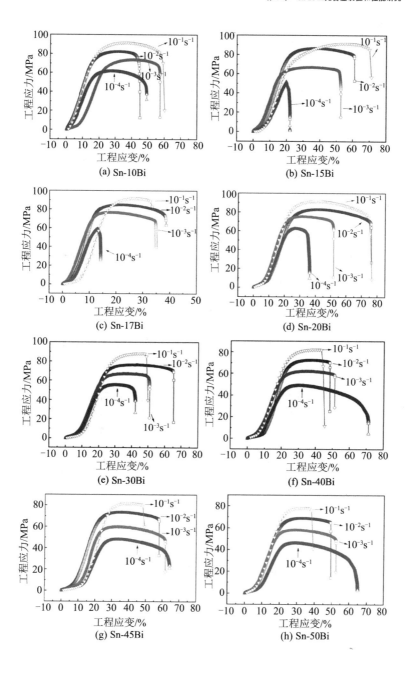

(a) Sn-10Bi

(b) Sn-15Bi

(c) Sn-17Bi

(d) Sn-20Bi

(e) Sn-30Bi

(f) Sn-40Bi

(g) Sn-45Bi

(h) Sn-50Bi

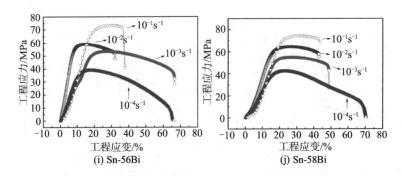

图 3.7 Sn-xBi 合金在应变速率 $10^{-1},10^{-2},10^{-3},10^{-4}$ s^{-1}下的应力-应变曲线

图 3.8 显示了 Sn-Bi 二元合金在不同应变速率下抗拉强度的变化。从图 3.8 中能够看到当 Bi 的质量分数低于 17%时,合金的抗拉强度在各个应变速率下都呈现较高的水平,其中在应变速率 $10^{-2}\sim10^{-3}$ s^{-1}下,合金的抗拉强度提高的幅度更大。当 Bi 的质量分数超过 17%时,Sn-Bi 合金在各个应变速率下的抗拉强度都呈下降趋势,且下降幅度相近,Sn-58Bi 合金在各个应变速率下都表现出较低的抗拉强度。

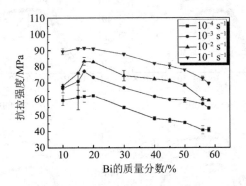

图 3.8 Sn-Bi 二元合金在不同应变速率下的抗拉强度

3.4　分析与讨论

3.4.1　Sn-Bi 合金组织与相变

如图 3.9 所示,为了探究不同 Bi 含量 Sn-Bi 二元合金在凝固过程中的组织变化,利用 PhotoShop 软件对 3 种不同合金组织进行处理,将组织中的 Bi 成分单独表现出来(灰色区域)。

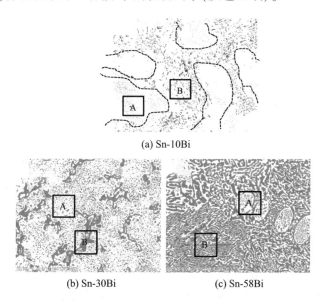

(a) Sn-10Bi

(b) Sn-30Bi　　　　　　　(c) Sn-58Bi

图 3.9　处理后的 Sn-Bi 合金的 Bi 相分布

因为 Sn-10Bi 属于低 Bi 合金,所以其组织主要为 β-Sn 固溶体,不存在共晶成分,从图 3.9a 能够看到合金中 A 区域的 Bi 含量较低,这应该是先凝固区域;B 区域中 Bi 颗粒较多,对应的是后凝固区域。由相图可看出,在凝固的初始阶段,首先在 Bi 含量较低的液相中析出 β-Sn 相,随着凝固过程的持续进行,液相中 Bi 元素的含量逐步提高,因此作为后结晶的区域,B 区域中 Bi 的含量较高。当温度继续降低时,Bi 原子达到过饱和状态逐渐析出。因此,A 区域中的过饱和析出的 Bi 原子主要形成细小的点状颗粒,尺度为纳米级,而 B 区域中后析出的 Bi 颗粒较大,属于微米级别。凝固过程为 L(液相)→L(液相)+β-Sn→β-Sn+析出 Bi 相。

Sn-30Bi 属于中 Bi 合金,从图 3.9b 中的 Bi 成分分布可以看出,A 区域是先共晶组织,B 区域为共晶组织。A 区域处于率先凝固的部位,形成了 Bi 含量较高的 β-Sn 相,随着温度逐渐降低,在初生 β-Sn 相的周围发生了包晶凝固,相界间隙处形成了共晶组织 B 区域。凝固过程为 L(液相)→L(液相)+β-Sn→β-Sn+析出 Bi 颗粒+共晶 Sn-Bi。如图 3.9c 所示,Sn-58Bi 合金组织图像经处理后依旧呈现明显的网状共晶组织(B 区域)。通过相图可以得知,138 ℃时 Bi 元素在 Sn 中的最大固溶度约为 20%,随着温度的降低,在非平衡凝固过程中,富 Sn 相中的 Bi 会逐渐析出,形成二次析出 Bi 相(A 区域)。凝固过程为 L(液相)→共晶 Sn-Bi→共晶 Sn-Bi+二次析出 Bi 相。

3.4.2 应变速率敏感性

电子设备在跌落冲击中是否发生失效,往往取决于焊料在冲击施加的应变速率下的响应,如果焊料以延性的方式响应,则应力不会传递到界面或基板上,焊料保持电气连续性。在这种情况下,焊料合金的应变速率敏感性决定了电子设备在接头跌落冲击中是否失效。前文对不同应变速率下 Sn-Bi 合金的力学性能进行了测试分析,发现对不同 Bi 含量的 Sn-Bi 合金,应力随应变速率的增加而增加,但延伸率未呈规律性变化。如果焊料合金的应变速率敏感性与塑性应变的大小无关,则焊料合金的强度可以简单地表示为应变速率的幂函数。

对于速率敏感材料,其最大工程应力(UTS)和应变速率满足以下经验公式:

$$\sigma = k\dot{\varepsilon}^{m} \qquad (3.1)$$

式中,σ 为最大工程应力;k 为与材料有关的常数;$\dot{\varepsilon}$ 为应变速率;m 为应变速率敏感指数。

对式(3.1)两边取对数,可得

$$\ln \sigma = m\ln \dot{\varepsilon} + k \qquad (3.2)$$

以应变速率为横坐标、合金的最大工程应力为纵坐标作图,如图 3.10 所示,对图中结果进行线性拟合,得到的斜率 m 即为应变速率敏感指数。

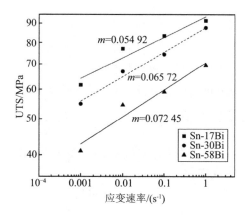

图 3.10 应变速率与最大工程应力的关系

采用图 3.10 的处理方式,可以计算得到不同 Bi 含量 Sn-Bi 二元合金的 m,见表 3.3。

表 3.3 Sn-Bi 二元合金的 m 值

合金	m 值
Sn-10Bi	0. 054 43
Sn-15Bi	0. 054 82
Sn-17Bi	0. 054 92
Sn-20Bi	0. 054 96
Sn-30Bi	0. 065 72
Sn-40Bi	0. 076 62
Sn-45Bi	0. 077 19
Sn-50Bi	0. 075 99
Sn-56Bi	0. 077 20
Sn-58Bi	0. 072 45

从表 3.3 的数据能够看出，无论 Bi 的含量如何变化，合金微观组织有怎样的差异，它们的应变速率敏感指数都是较为接近的，大多在 0.54~0.78 的范围内。在确定应变速率敏感指数后，可以利用以下关系从某一特定应变速率下获得的应力-应变曲线中，推断出任何应变速率：

$$\frac{\sigma_1}{\sigma_2} = \left(\frac{\varepsilon_1}{\varepsilon_2}\right)^m \tag{3.3}$$

对式(3.1)进行转换，σ 可以用瞬时载荷 F 和截面瞬时面积 A 共同表示为 $\sigma = \dfrac{F}{A}$，假定变形是均匀的，长度为 l 的试样标距部分的体积不变，所以在拉长 dl 后，标距部位的横截面积就收缩了 dA，转换后有如下等式成立：

$$lA = (l+dl)(A-dA) \tag{3.4}$$

考虑到 $dA \cdot dl$ 为高阶项，该项可以在等式中省略，上式经简化后得

$$\frac{dl}{l} = -\frac{dA}{A} \tag{3.5}$$

因此，应变速率可以表示为

$$\dot{\varepsilon} = \frac{dl}{ldt} = -\frac{dA}{Adt} \tag{3.6}$$

将式(3.6)代入式(3.1)中可得到截面的收缩速率为

$$\frac{dA}{dt} = -A\left(\frac{F}{Ak}\right)^{1/m} \tag{3.7}$$

从式(3.7)可以看出，m 代表合金抗颈缩变形的能力，m 越大，$\dfrac{dA}{dt}$ 的绝对值越小，合金抗颈缩变形的能力就越强；反之，m 越小，$\dfrac{dA}{dt}$ 的绝对值越大，合金抗颈缩变形的能力就越差。当 m 的值为 1 时，$\dfrac{dA}{dt} = -\dfrac{F}{k}$ 为一常数，也就是说，当变形进入稳态后，F 几乎保持恒定，表明在这种情况下，标距部分横截面积的收缩是按照恒定的收缩速率进行的。这也间接地说明了材料发生超塑性变形的条件之一

是 m 的数值要接近 1。

　　因此，m 的值与标距截面收缩率密切相关，进而导致合金延伸率的改变，从合金本身来看，这与其拉伸过程中的局部应变或者说局部塑性变形有关。在拉伸过程进行到塑性变形区域后，虽然合金整体呈现均匀变形，但在局部区域会发生微观颈缩现象，这种微观的颈缩引起局部区域的应力集中，使得变形主要发生在该部位，也就是说，此区域的实际应变速率远高于设定的应变速率。这样看来，若合金不存在应变速率敏感性这一特征，则这些发生高速应变的区域会最终成为断裂或者失效的部位，而其他部位能够一直处于原有的应变速率下。应变速率敏感性使得发生高速应变的区域的抗拉强度大幅提高。这意味着虽然应力集中导致局部区域产生颈缩，但该区域阻碍变形的力变得更高，这样就可以保证合金在拉伸变形过程中，变形不会在某一微观颈缩区域连续进行，而是随着拉伸过程进行转移。反复经历这些过程，合金就会表现出优良的延性。

　　之前的研究表明，由于 Bi 呈脆性，共晶 Sn-Bi 合金的塑性较差，但根据测得的结果来看，共晶 Sn-Bi 合金的 m 值与纯锡比较反而较大。结合共晶 Sn-Bi 的拉伸曲线几乎看不到拉伸屈服平台，猜测造成这种结果的原因是不同成分 Sn-Bi 合金的变形机制有差异。

3.4.3　Sn-Bi 合金拉伸变形和断裂机理

　　为了更好地研究 Sn-Bi 合金在拉伸过程中的变形机制及其对力学性能的影响，选择了 4 种不同成分的合金（Sn-17Bi，Sn-30Bi，Sn-50Bi，Sn-58Bi）进行原位拉伸（$\dot{\varepsilon} = 10^{-2}\ \mathrm{s}^{-1}$）实验。Sn-17Bi 合金原位拉伸的变形过程如图 3.11 所示。图 3.11a，b，c 分别是合金拉伸 1，2，2.5 mm 后的组织形貌，图 3.11d 是拉伸过程的载荷-位移曲线。合金沿拉伸方向位移 1 mm 后进入塑性变形阶段，如图 3.11a 所示，部分 Sn 的晶界显现出来，晶界处出现微孔聚集。当位移进一步增加到 2 mm 时，晶界之间的轮廓变得愈发清晰，不同取向的晶粒变得更加凹凸不平，这实质上是通过晶粒间的协同变形所产生的变化。Bi 相广泛分布在富 Sn 相上，此时共晶组织和沉淀 Bi 颗粒都未参与变形,此外,晶界的微孔逐渐变化成缝隙,这进一步验证了断裂过程中晶界处发生了原子扩散。当位移增加到 2.5 mm 时,微裂纹在空隙处成核并驱动裂纹扩展(见图 3.11c),最终导致合金断裂。当位移达到 3.8 mm 时合金断裂,拉伸过程所需要做的功为 1 004.55 mJ。

(a) 合金拉伸 1 mm 后的组织形貌

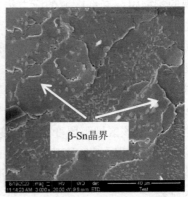

(b) 合金拉伸 2 mm 后的组织形貌

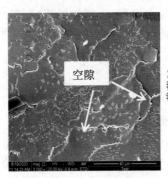

(c) 合金拉伸 2.5 mm 后的组织形貌

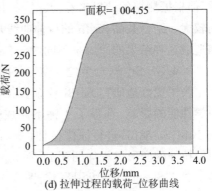

(d) 拉伸过程的载荷-位移曲线

图 3.11　Sn-17Bi 合金原位拉伸的变形过程

图 3.12 显示了 Sn-30Bi 合金拉伸变形过程中的形态变化和载荷-位移曲线。与 Sn-17Bi 合金微观组织对比,在 Sn-30Bi 合金组织中能看到粗大的共晶组织。拉伸位移达到 1 mm 时(见图 3.12a), β-Sn 晶粒间的滑移变形减少,富 Sn 相和共晶相之间开始滑动。位移达到 2 mm 时,从图 3.12b 中能够看到两相间的滑移程度增加,还有少量 Bi 颗粒与 β-Sn 相发生滑移。位移达到 2.5 mm 时,合金到达颈缩变形阶段,产生不均匀塑性变形,该处晶粒间及相间的滑移程度大大增加,微裂纹清晰可见。当位移达到 3.48 mm 时合金断裂,拉伸过程所需要做的功为 750.15 mJ。

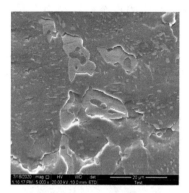

(a) 合金拉伸1 mm后的组织形貌

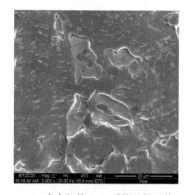

(b) 合金拉伸2 mm后的组织形貌

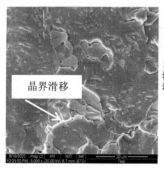

(c) 合金拉伸2.5 mm后的组织形貌

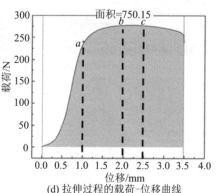

(d) 拉伸过程的载荷-位移曲线

图 3.12　Sn-30Bi 合金原位拉伸的变形过程

Sn-50Bi 合金拉伸变形过程中的形态变化和载荷-位移曲线如图 3.13 所示。在拉伸位移达到 1 mm 时(见图 3.13a),合金表面已经开始出现明显的不均匀变形,富 Sn 相和 Sn-Bi 共晶区的变形特征有较大的差异,且两者之间发生了相界滑移。两相合金发生变形时,较软的相易发生变化,而较硬的相变化相对迟缓,当两相强度差别较大时,变形主要发生在较软的相内,较硬的相几乎不变形。Bi 相与 Sn 相的硬度是相近的,但当 Sn 相中固溶一定的 Bi 原子后,Sn 相硬度会远大于 Bi 相。因此,富 Sn 相的形态在合金经过 1 mm,2 mm 和 2.5 mm 的拉伸位移后未发生较大改变,说明这一区域在拉伸变形的过程中起到悬浮颗粒的作用直至变形结束。对于共晶区域,不同取向的共晶相之间存在台阶,说明它们的变形过程并不一致(见图 3.13b,c),不均匀变形导致片层状的富 Sn 相和富 Bi 相之间凹凸不平,这是拉伸变形的主要因素;次要因素是被"挤

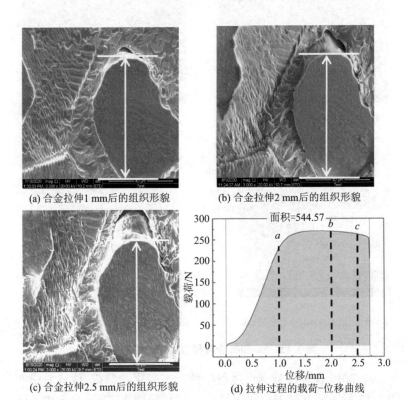

(a) 合金拉伸1 mm后的组织形貌   (b) 合金拉伸2 mm后的组织形貌

(c) 合金拉伸2.5 mm后的组织形貌   (d) 拉伸过程的载荷-位移曲线

图 3.13　Sn-50Bi 合金原位拉伸的变形过程

压"出的较硬富 Sn 相为其周围的共晶区域提供了变形的空间,导致相界滑动时释放应力,使晶粒形状发生改变。当拉伸位移达到 2.74 mm 时合金断裂,拉伸过程所需做的功为 544.57 mJ。

Sn-58Bi 合金拉伸变形过程中的形态变化和载荷-位移曲线如图 3.14 所示。图 3.14a1,b1,c1 线框里的区域放大图为图 3.14a2, b2,c2。在拉伸过程中,具有择优取向的晶粒首先发生变形,晶粒间的滑动进一步促进了拉伸方向滑移带的变形。在拉伸变形的初始阶段,晶界首先发生滑动,大部分的相界并未发生变化。当位移达到 1 mm 时,合金处于均匀变形阶段,相界滑移伴随着富 Sn 相的变形,富 Sn 相和富 Bi 相之间产生明显的滑移台阶。因为富 Sn 相晶体结构为体心四方,Bi 为脆硬的菱形结构,通过比较晶格常数也能判断出其晶格结构的不同,且两相之间呈非共格关系,晶体点阵完全不存在连续性,所以它们之间的结合度较低,容易产生滑动。

拉伸过程的载荷-位移曲线(见图 3.14d)表明,Sn-58Bi 合金的大部分塑性变形来源于颈缩变形,这意味着富 Bi 相能够阻碍富 Sn 相的变形,这对合金的塑性有很大的影响。当拉伸位移达到 2.7 mm 时合金断裂,拉伸过程所需做的功为 503.53 mJ。

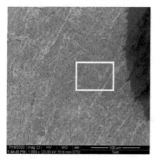 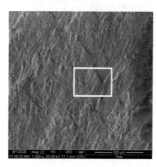

(a1) 合金拉伸 1 mm 后的组织形貌　　(b1) 合金拉伸 2 mm 后的组织形貌

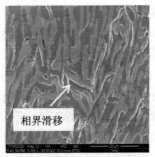
(a2) 合金拉伸1 mm后的组织形貌

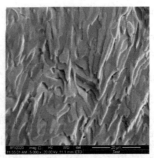
(b2) 合金拉伸2 mm后的组织形貌

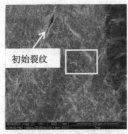
(c1) 合金拉伸2.5 mm后的组织形貌

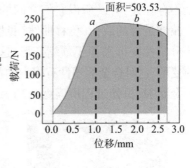
(d) 拉伸过程的载荷-位移曲线

(c2) 合金拉伸2.5 mm后的组织形貌

图 3.14　Sn-58Bi 合金原位拉伸的变形过程

　　综上,当 Bi 含量较低时,拉伸过程主要由晶界的塑性变形主导,而随着 Bi 含量的增加,变形过程转变为相界间的滑动。从表 3.4 的原位拉伸数据统计可以看出,随着 Bi 含量的增加,拉伸过程所做功逐渐减小,而韧性反映材料抵抗裂纹扩展的能力,是单位体积材料在断裂前所吸收的能量,也就是外力使材料断裂所做的功,由此可知,随着 Bi 含量的增加(大于 17%),合金的韧性逐渐减小。

表 3.4　原位拉伸数据统计

合金	抗拉强度/MPa	延伸率/%	拉伸过程做功/mJ
Sn-17Bi	85.2	37.9	1 004.6
Sn-30Bi	69.1	34.8	750.2
Sn-40Bi	67.7	32.9	715.8
Sn-50Bi	65.4	27.3	544.6
Sn-58Bi	59.6	24.9	503.5

3.5　本章小结

本章对 Sn-xBi($x = 10,15,17,20,30,40,45,50,56,58$)二元合金进行了研究,通过界面表征、DSC 曲线、拉伸数据处理、断口观察和变形过程分析,得到以下结论:

(1) Sn-Bi 二元合金都在 140 ℃附近存在一个共晶相吸热峰,除了 Sn-58Bi 共晶合金外,其他非共晶合金都存在第二个吸热峰,且随着 Bi 含量的升高,该峰峰值温度逐渐降低。Sn-Bi 二元合金的固相线温度均在 140 ℃附近,液相线温度随 Bi 含量的增加逐渐降低,凝固起始点温度也随 Bi 含量的增加逐渐降低。Sn-58Bi 合金在冷却凝固过程中的相变过程为 L(液相)→L(液相)+β-Sn→β-Sn+共晶 SnBi(β-Sn+富 Bi 相)→β-Sn+共晶 SnBi(β-Sn+富 Bi 相)+析出 Bi。

(2) Sn-10Bi 合金组织主要为 β-Sn 固溶体,Bi 从富 Sn 相的内部或边缘析出,呈颗粒状。随着 Bi 的质量分数提高至 15%,富 Sn 相中开始出现细条状的 Bi,Bi 的质量分数提高至 20% 时,出现粗大的 Bi 颗粒富集。当 Bi 的质量分数提高到 30% 时,出现 Sn-Bi 共晶组织,随着 Bi 的质量分数进一步提高,共晶组织得到细化并呈连续分布的网状结构。

(3) 随着 Bi 的质量分数提高,不同应变速率下合金的抗拉强度均呈先增大后减小的趋势,10^{-2} s^{-1} 应变速率下 Sn-17Bi 合金的抗拉强度达到最大,为 83.37 MPa,随着应变速率的提高,合金的抗拉强度均呈现增加趋势。

(4) Sn-17Bi 合金的变形过程是由 β-Sn 晶粒间的协同变形主导的,晶界处的微孔聚集,导致合金产生了裂纹。随着 Bi 的质量分数提高至30%,富 Sn 相与富 Bi 相之间的相滑移成为塑性变形的重要方式。Sn-58Bi 合金的变形主要是均匀变形阶段的晶界滑动和颈缩后的富 Bi 相和富 Sn 相之间的相滑动,且后者占多数。相比之下,Sn-50Bi 合金的拉伸过程除有片层状共晶组织间的滑动,还有固溶了 Bi 的 β-Sn 起到悬浮颗粒的作用。这些悬浮的颗粒不直接参与变形,但提供了与共晶组织的滑移边界,促进了塑性变形的连续进行。

第 4 章　Sn-17Bi-Cu 合金组织和力学性能研究

近年来,对 Sn-Bi 焊料合金的研究愈发深入,研究者通过添加第三元、第四元合金元素或者纳米粒子到合金中,改变组织结构,改善基体组织,析出新相等,进一步改善合金应用性能。从第 3 章的研究能够发现,Sn-Bi 二元合金的力学性能不仅与片层状的共晶组织有关,也与固溶了 Bi 的 β-Sn 相有关。因此,本章在第 3 章的基础上,系统研究了 Cu 元素对 Sn-Bi 合金的熔融特性、组织和力学性能的影响。

4.1　合金成分设计

根据之前对 Sn-Bi 二元合金力学性能的研究可知,Sn-17Bi 合金拥有较好的力学性能,Bi 含量较高时合金的脆性较大。因此,本章选用远离共晶点的 Sn-17Bi 合金作为基体成分,以微合金化的方式在 Sn-17Bi 中添加 Cu 元素,同时保持 Bi 的含量不变,以一定含量的 Cu 元素(0.1%~0.9%)代替 Sn 元素,炼制了 5 种不同成分的合金。合金的成分设计如表 4.1 所示,这些合金称为 Sn-17Bi-yCu合金,y 分别等于 0.1,0.3,0.5,0.7,0.9,对应的合金简称为 0.1Cu,0.3Cu,0.5Cu,0.7Cu,0.9Cu。

表 4.1　合金成分设计

合金	设计成分(质量分数/%)		
	Sn	Bi	Cu
Sn-17Bi-0.1Cu	82.9	17	0.1
Sn-17Bi-0.3Cu	82.7	17	0.3
Sn-17Bi-0.5Cu	82.5	17	0.5
Sn-17Bi-0.7Cu	82.3	17	0.7
Sn-17Bi-0.9Cu	82.1	17	0.9

4.2　合金表征

4.2.1　合金熔融特性

图 4.1 是 Sn-17Bi-yCu(y=0.1,0.3,0.5,0.7,0.9)合金的 DSC 曲线,样品扫描速率为 2 ℃/min,测试环境为 Ar 气流。从图 4.1a 能够看出,Sn-17Bi-0.1Cu 在 139.9 ℃ 左右开始熔化,且所有 Sn-17Bi-yCu 合金均出现一个较强的共晶峰,所有合金的固相线温度差异较小,均在 139 ℃ 附近。第二个熔融过程发生于 213.1 ℃,这应该源于 Sn-17Bi-0.1Cu 焊料体系的非共晶行为。虽然峰 1 的温度受 Cu 含量的影响较小,但总的来说,随着 Cu 含量的增加,固相线温度向更高的温度移动,熔融结束点即液相线温度总体向更低的温度转变。这使得当 Cu 的质量分数从 0.1%增加到 0.9%时,熔程从77.5 ℃降低到 68.3 ℃。

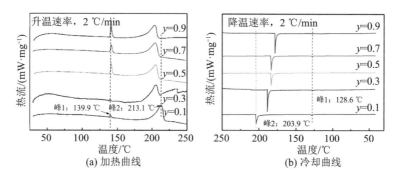

图 4.1　Sn-17Bi-yCu 合金的 DSC 曲线

　　合金的过冷度可以通过比较冷却曲线的峰值温度和加热曲线的峰值温度来确定,过冷度 ΔT 是共晶反应的驱动力。众所周知,凝固过程中 β-Sn 的延迟成核会导致过冷度增大,凝固过程产生较多的初生 β-Sn 枝晶、较大晶粒和少量共晶以及大量不希望得到的脆硬 Cu_6Sn_5 金属间化合物。表 4.2 列出了 Sn-17Bi-yCu 合金的熔融特性。从冷却曲线来看,Sn-17Bi-0.5Cu 焊料的熔程较小,降低焊料的熔程能够提高合金的表面张力和润湿性能,增大合金凝固过程中的流动性,减少微裂纹的产生,同时与适当的助焊剂配合能够在凝固过程中得到性能优良的焊点连接。

4.2.2　合金微观组织

　　图 4.2 显示了 Sn-17Bi-yCu 合金的微观组织。其中,a1,b1,c1,d1,e1 是低倍下形貌,a2,b2,c2,d2,e2 是 a1,b1,c1,d1,e1 局部区域的高倍下形貌,白色和灰色区域分别表示富 Bi 相和富 Sn 相,在这两相之间,还掺杂了少许黑色的区域(见图 4.2b1)。结合图 4.3 的 XRD 结果可知,黑色区域内是 Cu_6Sn_5 金属间化合物,凝固过程中过饱和的 Bi 从富 Sn 相中沉淀析出,呈颗粒状弥散分布。并且由于 Bi 含量较低,只能看到少量的 Sn-Bi 共晶组织,呈不连续网状结构生长在 β-Sn 相上。

表 4.2 Sn-17Bi-yCu 合金的熔融特性统计

合金	热学性能/℃										
	升温				降温				过冷度	升温	降温
	固相线	峰 1	峰 2	液相线	凝固起始点	峰 1	峰 2	凝固结束点	β-Sn	熔程	熔程
Sn-17Bi-0.1Cu	139.0	139.9	213.1	216.5	204.5	128.6	203.9	124.8	9.2	77.5	79.7
Sn-17Bi-0.3Cu	139.1	139.5	205.5	212.6	188.7	125.5	188.6	125.5	16.9	73.5	63.2
Sn-17Bi-0.5Cu	139.4	141.0	204.7	209.0	184.2	128.2	184.0	126.5	20.7	69.6	57.7
Sn-17Bi-0.7Cu	139.5	141.2	204.1	209.4	184.0	127.7	183.8	125.8	20.3	69.9	58.2
Sn-17Bi-0.9Cu	139.4	140.8	203.1	207.7	178.6	116.2	178.4	115.2	24.7	68.3	63.4

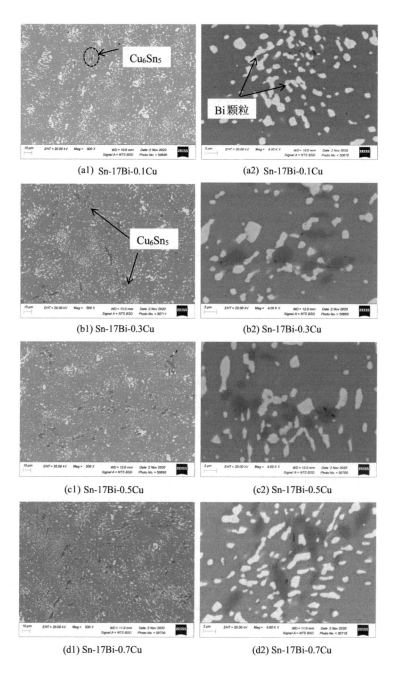

(a1) Sn-17Bi-0.1Cu

(a2) Sn-17Bi-0.1Cu

(b1) Sn-17Bi-0.3Cu

(b2) Sn-17Bi-0.3Cu

(c1) Sn-17Bi-0.5Cu

(c2) Sn-17Bi-0.5Cu

(d1) Sn-17Bi-0.7Cu

(d2) Sn-17Bi-0.7Cu

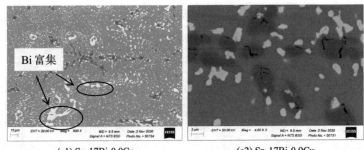

(e1) Sn-17Bi-0.9Cu (e2) Sn-17Bi-0.9Cu

图 4. 2　Sn-17Bi-yCu 合金的微观组织

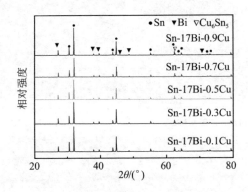

图 4. 3　Sn-17Bi-yCu 合金的 XRD 图谱

添加 0.1%的 Cu 后,从图 4.2a1 能够看到典型的初生 β-Sn 枝晶和 Sn-Bi 共晶区域以及细条状的 Bi,此时网状 Sn-Bi 共晶组织中存在少许粗大的 Bi 颗粒和少许 Cu$_6$Sn$_5$ 金属间化合物。随着 Cu 的质量分数增加至 0.5%(见图 4.2c1),细条状的 Bi 析出相减少,出现更多弥散分布的细小 Bi 颗粒,共晶组织中粗大的 Bi 颗粒也得到细化,从图 4.2c2 能够清晰看到 Cu$_6$Sn$_5$ 金属间化合物主要分布于富 Bi 相和富 Sn 相的界面位置,并呈球形聚集成团簇。随着 Cu 的质量分数逐渐增加至 0.7%(见图 4.2d1),Cu$_6$Sn$_5$ 金属间化合物逐渐长大聚集成长条状,析出的细条状 Bi 重新出现,Bi 的颗粒更加细小,合金组织十分细小。但当 Cu 的质量分数增加至 0.9%时(见图 4.2e1),组织中出现了较多富集的粗大 Bi 颗粒,同时 Cu$_6$Sn$_5$

金属间化合物的分布愈发广泛。

4.3 合金力学性能和断口形貌分析

从上节的研究能够看出,添加 Cu 元素对合金的微观组织产生了一定的影响,组织中产生了 Sn-Cu 化合物相,使得合金组织相貌发生改变,并且 Cu 添加量不同,中间相的形貌、分布以及组织形貌的变化程度都有所不同。本节分别对两种三元合金在不同应变速率下进行拉伸测试,研究 Cu 元素对 Sn-Bi 合金力学性能的影响。

4.3.1 力学性能分析

Sn-17Bi-yCu 合金室温下的拉伸测试结果如图 4.4 所示。在 Sn-17Bi 合金中添加 0.1% 的 Cu 元素后,合金的抗拉强度和延伸率均有小幅度的提高。随着 Cu 的质量分数提高到 0.3%,合金抗拉强度有了较明显的提升,延伸率略微增加,未发生明显的变化。当 Cu 的质量分数提高到 0.5% 时,合金的抗拉强度有较大幅度的提升,达到最大值 84.7 MPa,这可能与富 Bi 相更均匀分布有关,但延伸率开始下降,较 Sn-17Bi 合金下降了约 10%。Cu 的质量分数为 0.7% 时,合金的抗拉强度较 Cu 质量分数为 0.5% 时基本不变,延伸率略有提高但依然低于母合金。当 Cu 的质量分数达到 0.9% 时,合金抗拉强度又有所提高但不明显,大小与 Cu 质量分数为 0.5% 的合金基本一致,延伸率有所下降,达到了最低(为 25.3%)。

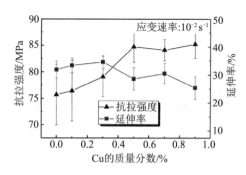

图 4.4 Sn-17Bi-xCu 合金的抗拉强度和延伸率

综合来看,Cu 元素的添加提高了 Sn-17Bi 合金的抗拉强度。添加少量的 Cu 对改善合金延伸率有一定的作用,但当 Cu 含量提高至 0.5% 后,合金的延伸率反而降低。Cu 元素的质量分数在 0.3% 时获得较好的延伸率,在 0.5% 时获得较高的抗拉强度。

4.3.2　断口形貌分析

对 Sn-17Bi-yCu 合金在室温下的拉伸断口进行分析,它们的拉伸断口形貌如图 4.5 所示。由图 4.5a 可见,Sn-17Bi 断口表面有较多相互簇拥的韧窝,合金断口主要呈现准解理断裂特征,此时合金的塑性相对较好。当添加 0.1% 的 Cu 后,从图 4.5b 能够看到断口上有大量韧窝形成,它们相互聚集,连接在一起。韧窝外延部分颜色较浅,韧窝内部颜色较深,合金的塑性进一步提高。Sn-17Bi-0.3Cu 合金断口形貌没有本质的变化,韧窝依旧较多(见图 4.5c)。Sn-17Bi-0.5Cu 合金断口的解理刻面有所增大,但仍有少许韧窝的特征,合金塑性有所下降。从 Sn-17Bi-0.7Cu 合金的断口(见图 4.5e)能够看到条状的 Cu_6Sn_5 金属间化合物暴露出来,但并未出现 Cu_6Sn_5 断裂的现象,Cu_6Sn_5 大多留在基体当中。这意味着 Cu_6Sn_5 金属间化合物对晶界的钉扎能力较强,但生成的 Cu_6Sn_5 金属间化合物间接消耗了较多的 Sn,因此有更多的 Bi 析出,这些脆性的 Bi 降低了合金的塑性。

(a) Sn-17Bi

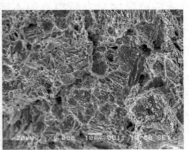

(b) Sn-17Bi-0.1Cu

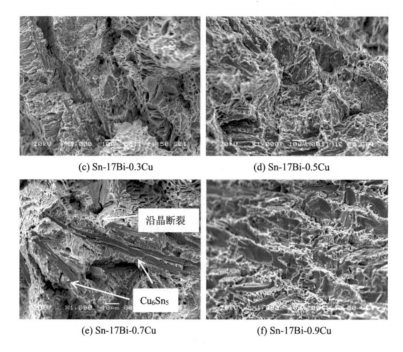

(c) Sn-17Bi-0.3Cu　　　　　　　(d) Sn-17Bi-0.5Cu

(e) Sn-17Bi-0.7Cu　　　　　　　(f) Sn-17Bi-0.9Cu

图 4.5　Sn-17Bi-yCu 合金的拉伸断口形貌

此外,生成的 Cu_6Sn_5 金属间化合物分布于 β-Sn 晶界附近,且合金断口出现了沿晶断裂的特征。图 4.5f 为 Sn-17Bi-0.9Cu 合金的断口形貌,其主要呈现解理断裂的特征。该合金组织中形成的 Cu_6Sn_5 金属间化合物数量增多,对 Sn 的消耗也更大,导致合金塑性进一步降低,合金断口呈现较多的光滑的 Bi 的刻面并带有更多的沿晶断裂特征。

图 4.6 是 Sn-17Bi-yCu 合金在不同应变速率下的抗拉强度和延伸率。从图 4.6a 能明显看出,随着应变速率的提高,合金的抗拉强度整体升高;随着 Cu 元素的加入,合金的抗拉强度整体都呈上升趋势,当 Cu 的质量分数达到 0.5%时,合金的抗拉强度达到最高,这应该是由于生成的 Cu_6Sn_5 金属间化合物作为第二相质点起到了钉扎位错的作用。随着 Cu 含量的继续增加,抗拉强度有降低趋势。

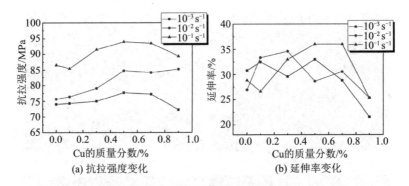

(a) 抗拉强度变化　　　　　　(b) 延伸率变化

图 4.6　Sn-17Bi-yCu 合金在不同应变速率下的抗拉强度和延伸率

从图 4.6b 能看出,随着应变速率的提高,Sn-17Bi-yCu 合金的延伸率变化无明显规律。

4.4　分析与讨论

4.4.1　合金的组织与力学分析

Bi-Cu 和 Cu-Sn 二元合金相图如图 4.7 所示,Cu 在 Bi 中几乎不固溶,Cu 在 Sn 中的固溶度也较低,且 Bi-Cu 合金不形成金属间化合物。从 Cu-Sn 相图可以看出,Cu 和 Sn 可以形成两种化合物,分别为 ε 相(Cu_6Sn_5)和 ζ 相(Cu_3Sn)。当 Cu 含量较低时,主要为 ε 相,也就是 Cu_6Sn_5 相,这是在 SAC305 合金和 Cu-Sn 合金中常见的一种金属间化合物,结合图 4.3 的 XRD 分析可以得知,当 Cu 添加量为 0.1% 时,合金中也能够形成 Cu_6Sn_5 化合物,也就是说本章研究中所有含铜合金的微观组织中都存在 Cu_6Sn_5 化合物。本章将 Bi 含量控制在 17%,绘制 Sn17Bi(0 ~ 1)Cu 的垂直截面相图如图 4.8 所示,在 139.2 ℃ 时,SnBiCu 三元共晶形成,仅有 0.23% 的 Cu 参与该共晶反应。当 Cu 的质量分数较低(<0.37%)时,凝固过程为 L(液相)→L(液相)+β-Sn→L(液相)+Cu_6Sn_5+β-Sn →L(液相)+Cu_6Sn_5+β-Sn+析出 Bi+三元共晶(Sn+Bi+Cu_6Sn_5),而当 Cu 的质量分数增加,凝固过程变为 L(液相)→L(液相)+Cu_6Sn_5→L(液相)+

$Cu_6Sn_5+\beta\text{-}Sn\rightarrow L(液相)+Cu_6Sn_5+\beta\text{-}Sn+析出 Bi+三元共晶(Sn+Bi+ Cu_6Sn_5)$。即随着 Cu 的质量分数增加,初生相从 $\beta\text{-}Sn$ 变成了 Cu_6Sn_5。因此,在图 4.2 中,当 Cu 的质量分数超过 0.5% 时,合金组织中出现大量的十多个微米的 Cu_6Sn_5 化合物。

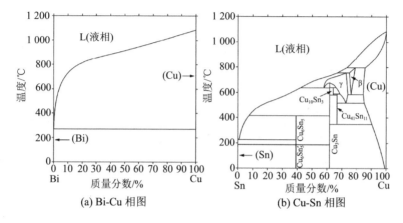

(a) Bi-Cu 相图　　　　　(b) Cu-Sn 相图

图 4.7　Bi-Cu 和 Cu-Sn 二元合金相图

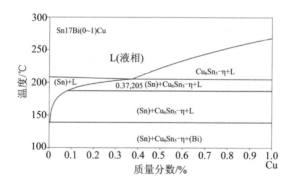

图 4.8　Sn17Bi(0~1)Cu 的垂直截面相图

图 4.9 是 Sn-17Bi-0.3Cu 和 Sn-17Bi-0.9Cu 的组织形貌。从图 4.9 能够看出,合金的显微组织由初生 β-Sn 枝晶和共晶 Sn-Bi 区域组成;共晶区分布较少且不再连续分布,在 β-Sn 相上呈现出分离开来的网状;Cu_6Sn_5 化合物并非随机分布在焊料基体中,而是呈一定的连续性,沿着 β-Sn 的晶界处生长;Bi 相也从 β-Sn 中析出。对比添加 0.9%Cu 的合金和添加 0.3%Cu 的合金,添加 0.9%Cu 的合金组织中的 Cu_6Sn_5 化合物明显增多,而且 Bi 的偏聚更加显著,这会影响合金的力学性能。

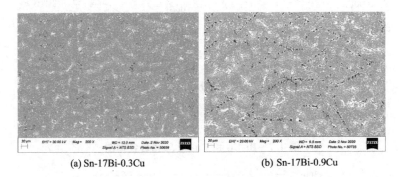

(a) Sn-17Bi-0.3Cu   (b) Sn-17Bi-0.9Cu

图 4.9   Sn-17Bi-0.3Cu 和 Sn-17Bi-0.9Cu 的组织形貌(200 倍)

结合之前对 Sn-17Bi-yCu 合金力学性能的比较可以看出,添加 0.9%Cu 合金的延伸率明显下降,存在此现象的主要原因是,当 Cu 含量较高时,凝固过程中液相析出了大量的 Cu_6Sn_5 相,并贯穿整个凝固过程,率先析出的 Cu_6Sn_5 能够起到异质形核的作用,促进了晶粒的细化。此外,由于 Cu 的添加量过高,Cu_6Sn_5 相会不断产生并长大,对晶体结构产生负面影响,例如,在生成 Cu_6Sn_5 化合物的同时会消耗 Cu 周围的 Sn 原子,导致附近的 Bi 发生富集,晶粒异常长大。此外,Cu 的添加也会影响初生 β-Sn 相的尺寸,从图 4.10a,b 所示的组织形貌能够明显看到一条条 β-Sn 枝晶具有取向特征,这些微观结构的变化影响了合金的综合力学性能。

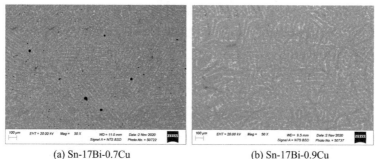

(a) Sn-17Bi-0.7Cu　　　　　　　　　(b) Sn-17Bi-0.9Cu

图 4. 10　Sn-17Bi-0. 7Cu 和 Sn-17Bi-0. 9Cu 的组织形貌(50 倍)

图 4. 11 是经 Photoshop 分析得到的 β-Sn 枝晶尺寸统计图,从图中能够看出,加入 0. 7% 的 Cu 后,枝晶的尺寸从未添加 Cu 前的 4. 4 μm 减小到 2. 5 μm,说明适量加入 Cu 能够起到细化晶粒的作用。结合之前的力学性能分析发现,合金的抗拉强度随着 Cu 含量的增加而增大,这与其 β-Sn 枝晶尺寸逐渐减小相对应(图 4. 2 和图 4. 11),同时说明细化晶粒能够提高合金的强度。然而 Sn-Bi-0. 9Cu 合金的 β-Sn 枝晶尺寸较大,其抗拉强度并没有减小,说明起着沉淀强化作用的 Cu_6Sn_5 化合物对合金的力学性能同样有着不小的影响。

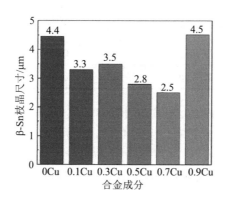

图 4. 11　β-Sn 枝晶尺寸

因此,为了研究影响合金力学性能的因素,如图 4. 12 所示,利用 PhotoShop 对组织图像进行处理,计算不同 Cu 含量 Sn-17Bi-yCu 合金中 Cu_6Sn_5 相的体积分数,结果见表 4.3。从表 4.3 可以看出,随着 Cu 含量的提高,合金中 Cu_6Sn_5 相的体积分数整体呈现递增趋势。

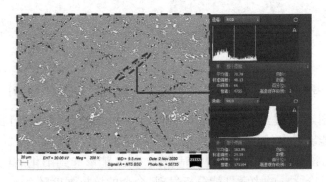

图 4.12　Sn-17Bi-0.9Cu 合金中的 Cu_6Sn_5 相体积分数的计算

表 4.3　Sn-17Bi-yCu 合金中的 Cu_6Sn_5 相体积分数

合金	Cu_6Sn_5 相体积分数/%
Sn-17Bi-0.1Cu	0.09
Sn-17Bi-0.3Cu	0.28
Sn-17Bi-0.5Cu	0.33
Sn-17Bi-0.7Cu	0.59
Sn-17Bi-0.9Cu	0.86

如图 4.13a 所示,将 β-Sn 枝晶尺寸、Cu_6Sn_5 相体积分数和合金的抗拉强度结合起来。从图 4.13a 能够看出,随着枝晶尺寸的减小以及 Cu_6Sn_5 相的增多,合金的抗拉强度逐渐提高,这说明加入的 Cu 元素对合金起到细晶强化和沉淀强化的作用。但是 Cu 的质量分数大于 0.5% 后,合金的抗拉强度受 β-Sn 枝晶尺寸影响较小,此时合金的延伸率在添加少量 Cu 后有所增加,但随着 Cu 的继续加入整体呈下降趋势(见图 4.13b),这说明当 β-Sn 枝晶尺寸减小到

一定程度后,其对合金强度的增强效果有限。合金的延伸率随 Cu_6Sn_5 相体积分数的增加逐步降低,说明起沉淀强化作用的 Cu_6Sn_5 相能够提高合金的强度,但在一定程度上会降低合金的塑性。

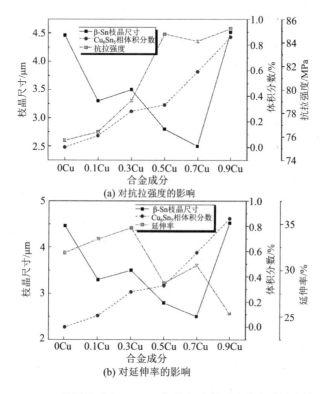

图 4.13　β-Sn 枝晶尺寸和 Cu_6Sn_5 相体积分数对合金力学性能的影响

4.4.2　拉伸及断裂分析

图 4.14 是不同 Cu 含量 Sn-17Bi-yCu 合金的拉伸断裂能以及各合金放大 1 000 倍的断口形貌。从图 4.14 可看出,Sn-17Bi-0.5Cu 合金的断裂能最大,表明其抵抗裂纹失稳扩展的能力最好。从延伸率和抗拉强度来看,Sn-17Bi-0.3Cu 的延伸率最高,Sn-17Bi-0.5Cu 的抗拉强度最高。综合来看,相比 Sn-17Bi 合金,Sn-17Bi-

0.3Cu 合金的抗拉强度和延伸率都有了明显的提升,而随着 Cu 含量进一步提高,合金的抗拉强度提高效果减弱,延伸率逐渐下降。

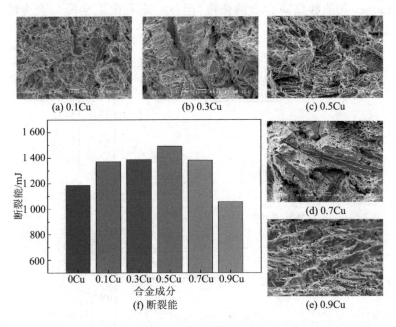

(a) 0.1Cu　　　　(b) 0.3Cu　　　　(c) 0.5Cu

(d) 0.7Cu

(e) 0.9Cu

(f) 断裂能

图 4.14　断裂能和断口

在 Sn-17Bi 合金中加入适量的 Cu 后,板条状或者是短棒状的 Cu_6Sn_5 化合物弥散分布在基体当中,且化合物相对较小,能够钉扎晶界阻并且起阻碍位错的作用,此时合金组织分布均匀,晶粒细化,合金的力学性能得到提高。这也可以用 Orowan 理论来解释,Cu_6Sn_5 作为第二相粒子硬度较高,位错线不能直接切过第二相粒子;在外力的作用下,位错线可以环绕第二相粒子发生弯曲,最后在第二相粒子周围形成位错环而让位错通过。位错线的弯曲将会增加位错影响区的晶格畸变能,使位错线运动的阻力增大,滑移抗力增大。而 Cu 添加过多后,合金中的 Cu_6Sn_5 化合物变得粗大,沿晶界分布形成包围晶界的网状结构(见图 4.14d),使得基体割裂。因此,在晶界处更容易出现裂纹的萌生和扩展,此时粗大的棒状金属间化合物在拉伸的过程中促进了裂纹的扩展,例如可以从 Sn-17Bi-0.7Cu 合金的断口看到 Cu_6Sn_5 化合物从基体中暴露出来(见图 4.14e)。

4.5　本章小结

本章研究了 Cu 元素对 Sn-Bi 合金熔融特性、微观组织和力学性能的影响,通过界面表征、DSC 曲线、拉伸数据处理、断口观察,得到以下结论:

(1) Sn-17Bi-yCu 合金的熔程随 Cu 含量的增加逐渐降低,共晶峰温度略微升高,过冷度增大。

(2) Sn-17Bi-yCu 合金组织主要由 β-Sn 初生相、Bi 相、Sn-Bi 共晶相和 Cu_6Sn_5 相组成, Cu_6Sn_5 相能够起到金属间化合物强化的作用。

(3) Sn-17Bi-yCu 合金的抗拉强度随 Cu 含量的升高而逐渐增大,Sn-17Bi-0.5Cu 合金的抗拉强度最大,为 84.7 MPa,少量 Cu 元素对合金的塑性影响较小,当 Cu 的质量分数超过 0.5%时,合金的塑性受到影响,有所降低。

(4) 在 Sn-17Bi 中加入 Cu 元素后,生成的 Cu_6Sn_5 作为形核质点可以减小 β-Sn 枝晶尺寸,起细晶强化的作用,添加 0.7% Cu 的合金的 β-Sn 枝晶尺寸达到最小。

第5章 Sn-30Bi-In合金组织和高温力学性能 研究

第4章在Sn-17Bi的基础上,研究了Cu元素的加入对Sn-Bi合金熔融特性、组织和力学性能的影响。Cu元素以Cu6Sn5化合物的形式存在于β-Sn晶界,以第二相强化的形式改善合金的力学性能。

本章在进一步提高Bi含量的基础上,以Sn-30Bi为基体,通过引入能固溶于β-Sn基体的元素In来改善合金的综合性能。根据Yoon等的研究结果,当In含量超过7%(质量分数)时,Sn-Bi-In合金会形成新的Bi-In-Sn亚稳态相,这会使得合金的微观组织有很大不同,进而使得合金力学性能有较大差异。因此,本章选择Sn-30Bi-(0~10)In进行研究。

5.1 合金成分设计

根据Sn-In相图得知,Sn-51In的共晶温度在117 ℃,In添加到Sn中能使合金的熔点降低。因此,本章将Bi的质量分数降低到30%,在Sn-30Bi合金中加入适量的In,以期获得性能优良且熔点较低的焊料合金。合金成分设计见表5.1,这些合金称为Sn-30Bi-δIn合金,δ分别等于0.5,1,2,4,6,8,10,对应的合金简称为0.5In,1In,2In,4In,6In,8In,10In。

表 5.1　合金成分设计

合金	设计成分(质量分数/%)		
	Sn	Bi	In
Sn-30Bi-0.5In	69.5	30	0.5
Sn-30Bi-1In	69	30	1
Sn-30Bi-2In	68	30	2
Sn-30Bi-4In	66	30	4
Sn-30Bi-6In	64	30	6
Sn-30Bi-8In	62	30	8
Sn-30Bi-10In	60	30	10

5.2　合金表征

5.2.1　合金熔融特性

图 5.1 是 Sn-30Bi-δIn 合金的 DSC 曲线,样品扫描速度为 2 ℃/min。从图 5.1 可发现,当 In 的质量分数从 0%增加到 8%时,吸热峰数从 2 增加到 4。随着 In 含量的增加,DSC 曲线除吸热峰数有变化外,还呈现出其他趋势。首先,合金的 Sn-Bi 共晶相吸热峰(峰 1)发生偏离,峰值温度从 142.2 ℃降至 116.0 ℃,峰的强度随 In 含量的增加而降低;其次,液相线温度从 198.4 ℃下降到 190.6 ℃;再次,添加 In 元素后峰值温度和相变温度降低;最后,固液两相的区间变大。

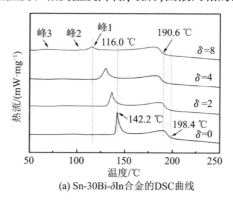

(a) Sn-30Bi-δIn合金的DSC曲线

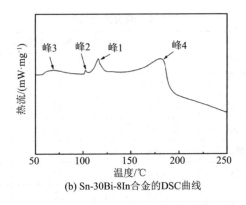

(b) Sn-30Bi-8In合金的DSC曲线

图 5.1　Sn-30Bi-δIn 合金和 Sn-30Bi-8In 合金的 DSC 曲线

表 5.2 列出了 Sn-30Bi-δIn 合金的熔融特性。Sn-30Bi-8In 在 102.5 ℃时出现了吸热峰(峰 2),说明有新的相产生。此外,如图 5.4 所示,通过分析 8In 和 10In 的 XRD 图谱,猜测新相应该为 BiIn 相。

表 5.2　Sn-30Bi-δIn 合金的熔融特性

合金	固相线/℃	液相线/℃	熔程/℃	峰 1/℃	峰 2/℃	峰 3/℃
Sn-30Bi	140.0	198.4	58.4	142.2	100.2	62.5
Sn-30Bi-2In	132.3	195.2	62.9	136.4	96.8	64.3
Sn-30Bi-4In	123.5	191.4	67.9	130.1	90.6	67.8
Sn-30Bi-8In	101.3	190.6	89.3	116.0	102.5	69.0

5.2.2　合金微观组织

图 5.2 显示了 Sn-30Bi-δIn 合金的微观组织,图中的亮灰色和暗灰色区域分别代表富 Bi 相和富 Sn 相。如图 5.2a 所示,Sn-30Bi 合金由薄片状 Sn-Bi 共晶组织和含颗粒状、条状 Bi 的 Sn 枝晶组成。当 In 的含量较低时,合金的微观组织与 Sn-30Bi 合金相似,区别是 Sn 相中溶入 In 的含量不同和组织较细(见图 5.2b,c,d)。如图 5.2f,g,h 所示,Sn-30Bi-6In,Sn-30Bi-8In 和 Sn-30Bi-10In 合金由富 Bi 相、富 Sn 相以及一种介于富 Bi 相和富 Sn 相之间的灰白色新相组成。该新相在 β-Sn 基体中析出,呈类似球形的颗粒状,综合

图 5.3 的能谱分析和图 5.4 的 XRD 图谱的分析结果,能够确认新相为 BiIn 相。

如图 5.2b,c,d,e 所示,当 In 的质量分数小于 4%时,合金中的 In 原子完全固溶在基体中,因为 In 的固溶相可能是富 Bi 相或富 Sn 相,或两者兼有。对于富 Bi 相,当 In 含量较低时,根据 Bi-In 相图可知 BiIn 相是唯一可能生成的相。对于富 Sn 相,由于 In 和 Sn 原子序数接近,具有相同的四方晶体结构,当 In 含量较低时,In 原子可以完全溶解在 β-Sn 晶格中。在平衡状态下,In 在 β-Sn 中的溶解度约为 9%。因此,室温下 In 溶解在 β-Sn 中是合理的。而随着 In 含量的升高,BiIn 相析出数量增多。因此,在合金凝固期间,β-Sn 相中的 BiIn 相过饱和程度增加,并且这种过饱和通过在 β-Sn 相中形成更多的 BiIn 相来缓解。

从图 5.2 中能够看出,当 In 的质量分数从 0%增加到 2%时,共晶组织中的富 Bi 相变成了更细的条带状,随着 In 含量的继续增加,富 Bi 相又变得较粗大。这可能是因为少量 In 的加入提供了更多的形核点,使组织得到了细化,而过多 In 的加入使固液两相区间扩大,共晶转变峰变宽,导致组织粗化。因此,掺入 0.5%~2% In 的合金组织更细,掺入 4%~10% In 的合金组织更粗大。

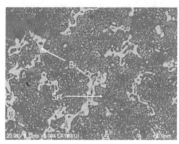

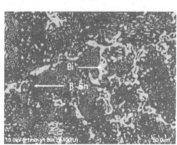

(a) Sn-30Bi　　　　　　　　　　(b) Sn-30Bi-0.5In

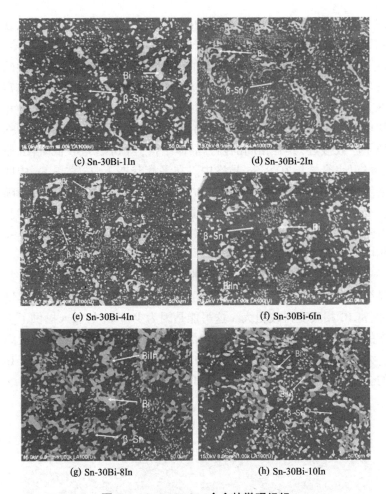

(c) Sn-30Bi-1In

(d) Sn-30Bi-2In

(e) Sn-30Bi-4In

(f) Sn-30Bi-6In

(g) Sn-30Bi-8In

(h) Sn-30Bi-10In

图 5.2　Sn-30Bi-δIn 合金的微观组织

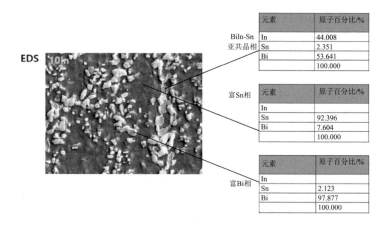

元素	原子百分比/%
In	44.008
Sn	2.351
Bi	53.641
	100.000

BiIn-Sn 亚共晶相

元素	原子百分比/%
In	
Sn	92.396
Bi	7.604
	100.000

富Sn相

元素	原子百分比/%
In	
Sn	2.123
Bi	97.877
	100.000

富Bi相

图 5.3　Sn-30Bi-10In 合金 SEM 形貌及能谱分析

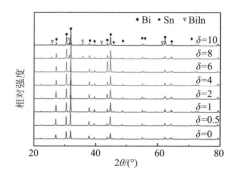

图 5.4　Sn-30Bi-δIn 合金的 XRD 图谱

5.3　合金力学性能和断口形貌分析

考虑到 In 元素能够降低合金熔点以及 Sn-Bi 系焊料的加工和服役温度(138 ℃以下),本节研究了 Sn-30Bi-δIn 合金在室温下(25 ℃),以及 60,80,100,120 ℃下的力学性能变化。

5.3.1　室温下拉伸性能分析

本小节研究了 Sn-30Bi-δIn 合金在室温下的拉伸性能,应变速率为 10^{-2} s^{-1}。如图 5.5 所示,通过拉伸实验得到了抗拉强度

(UTS)和延伸率与 In 含量之间的关系。

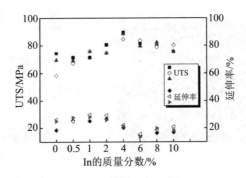

图 5.5　Sn-30Bi-δIn 合金的抗拉强度和延伸率

从图 5.5 中能够看出,当 In 的质量分数为 4%时,合金的 UTS 最大,为 87 MPa。合金的延伸率随 In 的少量加入有所提高,在 In 的质量分数达到 2%时达到最高,之后呈现显著下降的趋势,在 In 的质量分数为 6%时延伸率最小,为 14%。抗拉强度的提高应该是由于随着 In 含量的逐渐增加,粗大的 Bi 枝晶被细化,以及 β-Sn 相和 Bi 相中 In 原子的固溶,阻碍了组织内部位错的运动。但 In 的质量分数提高的同时,合金中 Sn 的质量分数降低,固溶在 β-Sn 中的 In 减少,同时越来越多强度较低的 BiIn 相析出,降低了合金的塑性变形能力。此外,In 的质地较软,较多的 In 也使得合金的强度有所下降。

5.3.2　断口形貌分析

图 5.6 是 Sn-30Bi-δIn 合金在室温下的断口形貌。从图 5.6a,b 能够看出,在 Sn-30Bi 中加入微量的 In 时,断口主要表现出韧性特征,断口表面分布有韧窝及其周围高起的撕裂棱,解理刻面繁多且凌乱,断口表面还存在一些小型韧窝。随着 In 的添加量继续增加,如图 5.6e 所示,合金断口的韧窝特征减少,断口在局部区域相对平整,沿晶断裂特征明显,并出现一些准解理断裂特征,但整体依然是塑性形变,这和图 5.5 中合金延伸率下降的结果是吻合的。当 In 的质量分数达到 10%时,解理刻面变得细小且密集,几乎看不到

韧窝的特征(见图 5. 6h)。

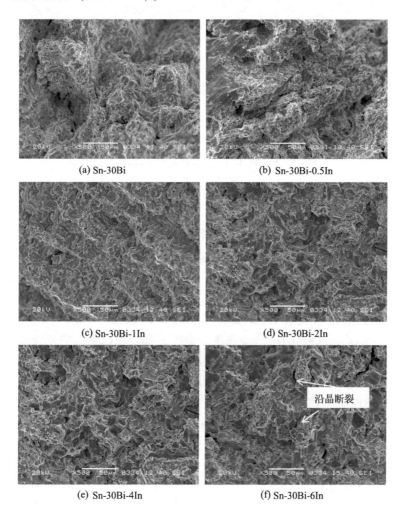

(a) Sn-30Bi

(b) Sn-30Bi-0.5In

(c) Sn-30Bi-1In

(d) Sn-30Bi-2In

(e) Sn-30Bi-4In

(f) Sn-30Bi-6In

(g) Sn-30Bi-8In (h) Sn-30Bi-10In

图 5.6 Sn-30Bi-δIn 合金在室温下的断口形貌

5.3.3 高温下拉伸性能分析

图 5.7 是 Sn-30Bi-δIn 合金分别在 60,80,100,120 ℃高温下的应力-应变曲线。从图 5.7 能够看出,添加适量的 In 元素后,合金在不同温度下的抗拉强度都有所提高,但当添加的 In 过多后,抗拉强度明显下降。60 ℃和 80 ℃下 Sn-30Bi-4In 合金的抗拉强度最大,但当温度进一步升高至 100 ℃时,Sn-30Bi-2In 合金拥有最大的抗拉强度,产生这种变化的原因可能与 In 的添加量有关。

此外,Sn-30Bi-1In 合金在各个温度下都表现出最大的延伸率,并在 80 ℃(图 5.7b)或在更高的温度下,合金的应变相比其他成分的合金有了明显的提高,温度达到 120 ℃时,其延伸率甚至可以达到 150%。对比 60 ℃和 120 ℃下 Sn-30Bi-δIn 合金的应力-应变曲线,能够看出曲线的形状由低温时的"弧顶"状变为高温时的"尖峰"状。值得注意的是,从高温下部分 In 含量较高的合金的应力-应变曲线能够发现,合金在经历短暂的强化阶段后,未出现明显的颈缩过程便发生了断裂。以 120 ℃下合金的应力-应变曲线为例,当 In 的质量分数大于 4%时,合金几乎失去抵抗外部载荷的能力,在达到最大工程应力(UTS)后立刻发生了断裂。结合图 5.1 所示的 Sn-30Bi-δIn 合金的 DSC 曲线分析,推测如下:In 含量较高,使得合金中低熔点 BiIn 相的占比增加,以及 Sn-Bi 共晶液相线左移,合金组织在高温下发生了变化,导致高温下合金的塑性变形能力、抗拉强度大幅降低。

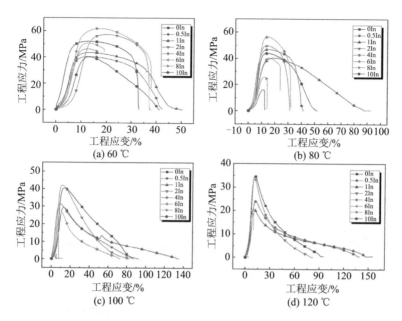

图 5.7　Sn-30Bi-δIn 合金在 60,80,100,120 ℃下的应力-应变曲线

图 5.8 是 Sn-30Bi-1In 合金在室温、60 ℃、80 ℃、100 ℃和 120 ℃下的应力-应变曲线。从图 5.8 能够看出,随着温度的提高,合金的断裂应变(断裂时对应的应变,体现合金的延伸率)大幅增长,抗拉强度逐渐下降。图 5.9 是 Sn-30Bi-1In 合金的高温拉伸断口形貌,相比合金在室温下的断口,60 ℃下断口的解理面减少并产生细小的韧窝(见图 5.9a)。当温度升高至 80 ℃时,断口出现了较大的韧窝。随着温度的继续升高,韧窝变得大而深,随着颈缩的持续进行产生了一些空洞形貌,并伴有二次裂纹的特征(见图 5.9c)。120 ℃下的断口形貌与 100 ℃相比没有特别的变化,韧窝和二次裂纹特征变得愈发明显。

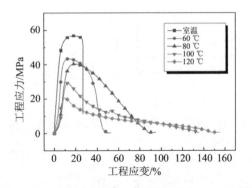

图 5.8 室温、60 ℃、80 ℃、100 ℃和 120 ℃下 Sn-30Bi-1In 合金的应力-应变曲线

图 5.9 Sn-30Bi-1In 合金在 60 ℃、80 ℃、100 ℃和 120 ℃下的拉伸断口形貌

图 5.10 是 Sn-30Bi-1In 合金分别在 60 ℃和 120 ℃下拉伸的低倍宏观断口形貌。从图 5.10 中能够更直观地看出,不同温度下合金的断口形貌差别很大,120 ℃下合金的拉伸过程发生了剧烈颈

缩,断面面积很小,说明塑性形变主要来源于断面收缩后的形变,即 UTS 点之后的形变。

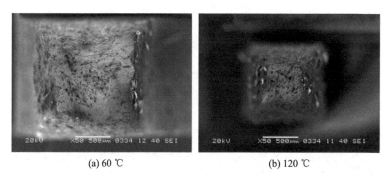

(a) 60 ℃   (b) 120 ℃

图 5.10 Sn-30Bi-1In 合金在 60 ℃和 120 ℃下拉伸的低倍宏观断口形貌

为了研究高温下高 In 合金的塑性骤降的原因,接着对 Sn-30Bi-6In 合金进行高温拉伸实验。如图 5.11 所示,合金在拉伸温度达到 100 ℃后抗拉强度、塑性明显下降,力学性能大幅降低。

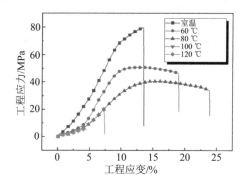

图 5.11 Sn-30Bi-6In 合金在室温、60 ℃、80 ℃、100 ℃和 120 ℃下的应力-应变曲线

图 5.12 是 Sn-30Bi-6In 合金在 60 ℃和 120 ℃下的拉伸断口形貌(a1 和 b1 为二次电子像,a2 和 b2 为背散射成像)。利用背散射成像能够分辨出样品不同相之间的差异,图 5.12a2 中能够看到灰色的 Sn 和白色块状或颗粒状的 Bi。当拉伸温度提高至 120 ℃后,

从图 5.12b2 可以看到合金断口呈现出熔融的状态,这无疑是低熔点相。添加的 6% 的 In 使得 BiIn 相增多,Sn-Bi 共晶相熔点下降,在 120 ℃ 下熔化或部分熔化,使得合金的抗拉性能明显降低。

(a1) 60 ℃   (a2) 60 ℃

(b1) 120 ℃   (b2) 120 ℃

图 5.12　Sn-30Bi-6In 合金在 60 ℃和 120 ℃下的拉伸断口形貌

5.4　分析与讨论

5.4.1　合金的组织与相变

Bi-In 和 Sn-In 二元合金相图如图 5.13 所示。室温下,Sn 和 In 在对方基体中都有较大的固溶度,两者能生成两种不同的相,即 β 相和 γ 相,In 在 Sn 基体中的固溶度约为 5%。从 Bi-In 相图来看,Bi 和 In 之间能够生成的化合物种类较多,但当 In 含量较低时所形成的主要为 BiIn 化合物,且 In 在 Bi 中几乎不固溶。Sn30Bi(1~

10)In 的垂直截面相图如 5.14 所示,本研究中 Bi 的含量控制在
30%。根据之前的研究可知,Sn30Bi(1~10)In 合金在凝固过程中
发生 L(液相)→L(液相)+β-Sn→β-Sn+析出 Bi 颗粒+共晶 Sn-Bi
的转变。当添加 In 元素后,随着 In 元素的加入量增加,合金的熔
程增大,共晶转变延缓,当 In 的质量分数超过 8.76%时,Sn-Bi 二元
合金在 138 ℃的二元 SnBi 共晶反应消失,出现了 79 ℃的三元共晶
转变:L(液相)→(Sn)+BiIn+(Bi)。当 In 的质量分数小于 6%时,

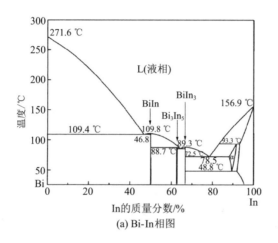

(a) Bi-In相图

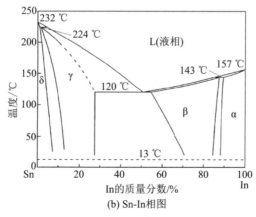

(b) Sn-In相图

图 5.13　二元合金相图

组织中未发现 BiIn 相,此时凝固过程中合金(如 Sn-30Bi-2In 和 Sn-30Bi-4In)的相析出顺序为 L(液相)→L(液相)+β-Sn→L(液相)+β-Sn+Bi→析出 Bi+β-Sn(固溶 In)+Bi 从 Sn 中析出。这个凝固顺序与 Sn-30Bi 合金一致,由于过冷度增大,液固相区间增大。当 In 的质量分数达到 6%时,合金组织中的 BiIn 相才明显显现,这与图 5.4 中 XRD 图谱结果一致,进一步用 BiIn 相的峰面积计算可知,Sn-30Bi-6In 中形成了 4.5%的 BiIn 相。

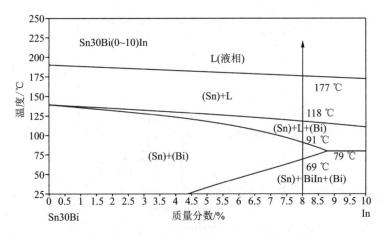

图 5.14 Sn30Bi(1~10)In 的垂直截面相图

对照图 5.1a 中黑色箭头以及 5.14b 中 Sn-30Bi-8In 的代表各物相的峰可以看出,Sn-30Bi-8In 合金在冷却到 190.6 ℃以下时,液相中优先析出 β-Sn 相,然后合金进入 L(液相)+β-Sn 两相区域,继续冷却到 116 ℃后,液相中开始析出 Bi 相,更多 β-Sn 形成。当温度低于 91 ℃时,液相消失,β-Sn 减少而 Bi 相增多,说明随着温度下降,β-Sn 中的饱和 Bi 以细小的 Bi 颗粒析出。温度下降至 69 ℃时,BiIn 相明显开始析出,对应的相分数为 9.8%,是 6In 样品的两倍多。因此,合金在 102.5℃时的相转变可以表示为 L(液相)+Bi→β-Sn+BiIn,而峰 3 可以用 L(液相)→BiIn-Sn 共晶相来表示。综上,合金的凝固过程相转变可以表示为 L(液相)→L(液相)+初生 β-Sn→L(液相)+初生 Bi+初生 β-Sn→L(液相)+Bi+初生 β-Sn→

L(液相)+(β-Sn+BiIn)+Sn-Bi 共晶+初生 β-Sn+Bi→BiIn-Sn+(β-Sn+
BiIn)+Sn-Bi 共晶+初生 β-Sn+Bi→β-Sn+BiIn+Bi(室温下)。

5.4.2 力学性能分析

室温下 Sn-Bi-δIn 合金的抗拉强度随 In 含量的升高呈先增加
后减小的趋势。合金的微观组织结果显示,在 In 的质量分数低于
6%时,合金组织内并无 BiIn 相析出,此时合金的强度主要受 β-Sn
相的影响,根据之前对二元合金的研究可知,当 Bi 的质量分数大于
17%时,随着 β-Sn 相的减少,合金的强度逐渐降低(见图 3.5)。而
在本章中 Bi 含量保持不变,In 的增加势必会导致 β-Sn 相的减少,此
时 In 原子大多以固溶的形式溶解在 β-Sn 中,通过 In 原子的固溶强
化增加了 β-Sn 对位错运动的抵抗能力,因此合金的强度逐渐增大。

图 5.15 是经 Image-pro plus 处理后的三种不同成分 Sn-30Bi-
δIn 合金微观组织及拉伸断口,其中,Sn 相被略去,黑色部分是 Bi
相,灰色部分是 BiIn 相。从图 5.15a－c 可以看出,随着 In 含量的
增加,合金中 Bi 的分布发生了变化,从图 5.15c1 中能看到添加
10%的 In 后,在 Bi 相周围生成了大量的 BiIn 化合物。此外,从断
口图可以看出,断口组织中存在 BiIn 化合物,说明微米级的脆性
BiIn 相在拉伸过程中作为薄弱的部位促进了裂纹的扩展,在一定
程度上降低了合金的力学性能。表 5.3 是经计算得到的 Sn-30Bi-
δIn 合金的 Bi 相和 BiIn 相体积分数,从表中数据可知,当 In 含量较
低时,合金中没有 BiIn 化合物,而此时 Bi 相的体积分数有所增加。

当 In 的质量分数大于 6%时,In 在 Sn 基体中达到固溶极限并
与 Bi 形成 BiIn 化合物。此时,虽然 In 的固溶强化、软化 Sn 基体的
作用依旧存在,但 BiIn 相对合金性能的影响更为显著。因此,高 In
合金的力学性能整体下降。

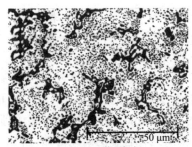

(a) Sn-30Bi 微观组织

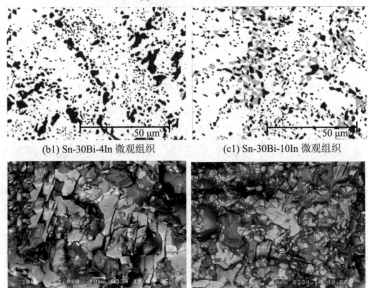

(b1) Sn-30Bi-4In 微观组织   (c1) Sn-30Bi-10In 微观组织

(b2) Sn-30Bi-4In 拉伸断口   (c2) Sn-30Bi-10In 拉伸断口

图 5.15　经图像处理后的合金微观组织及拉伸断口

表 5.3　Sn-30Bi-δIn 合金 Bi 相和 BiIn 相的体积分数

合金	Bi 相/%	BiIn 相/%	（Bi 相+BiIn 相）/%
Sn-30Bi	26.7	0	26.7
Sn-30Bi-0.5In	25.4	0	25.4

合金	Bi 相/%	BiIn 相/%	(Bi 相+BiIn 相)/%
Sn-30Bi-1In	26. 0	0	26. 0
Sn-30Bi-2In	27. 4	0	27. 4
Sn-30Bi-4In	25. 8	0	25. 8
Sn-30Bi-6In	23. 5	2. 2	25. 7
Sn-30Bi-8In	21. 5	4. 1	25. 6
Sn-30Bi-10In	20. 6	6. 3	26. 9

5. 5　本章小结

本章研究了 In 元素对 Sn-Bi 合金熔融特性、微观组织和力学性能的影响,基于 In 元素能够降低 Sn-Bi 合金熔点,探究了不同温度对 Sn-30Bi-δIn 力学性能的影响,研究得到以下结论:

(1) Sn-30Bi-δIn 合金的 DSC 曲线表明,In 的添加使 SnBi 共晶的液相线向左偏移,降低了合金的相变温度。

(2) 添加了 0. 5%,1%,2%,4%In 的合金的微观组织由 β-Sn 枝晶和 Sn-Bi 共晶组成,In 的溶入使 Bi 析出相分布均匀,形成复杂的共晶混合物。添加了 6%,8%,10%In 的合金的微观组织,由 Sn-Bi 共晶相、BiIn-Sn 亚稳相、Bi 颗粒和 β-Sn 基体组成,最终形成较为稳定的 β-Sn 相、BiIn 相和 Bi 相结构。

(3) 室温下,随着 In 含量的增加,合金的抗拉强度和延伸率先增大后减小。产生这种趋势的原因是,当 In 的含量较低时(0. 5%,1%,2%,4%),In 以固溶的形式固溶在 β-Sn 中,而当 In 的含量较高时(6%,8%,10%),In 的存在形式为 BiIn-Sn 亚稳相或 BiIn 相。在应变速率为 10^{-2} s^{-1} 时,Sn-30Bi-4In 合金的抗拉强度最高,为 87 MPa,而 Sn-30Bi-1In 合金的延伸率最大,为 29. 8%。

(4) 在高温下(60,80,100,120 ℃)进行拉伸实验时,合金的抗拉强度随温度的升高而降低,延伸率随温度的升高大幅提高。添加 1% In 的合金在 120 ℃下的延伸率最大,为 150%。当 In 含量较高时,低熔点 BiIn 相的熔融以及 Sn-Bi 共晶液相线的左移,使得合金部分组织发生了软化,力学性能显著降低。

第6章 Sn-57Bi-Sb/Ag/Ni 合金性能比较

根据合金中 Bi 的含量不同,Sn-Bi 合金的研究分为两类。一种是基于 Sn-Bi 共晶合金或近共晶合金的性能的调整,包括微合金化过程和纳米颗粒的添加。例如,Ag,Cu,Ni 等的微合金元素主要作为化合物形成元素添加,通过分散强化来增强焊料;添加的 Sb,Zn,In 可以固溶在基体中强化基体。另一种是在 Sn 基合金中加入 Bi 作为增强元素,形成 Bi 元素调节的 Sn 基合金。实际上,Bi 已被添加到 Sn-Ag、Sn-Cu 和 Sn-Ag-Cu 焊料中,以改善合金润湿行为、强化合金以及降低合金熔点。但这类合金的熔点依然很难达到降低热输入的需求,由于 Bi 作为掺杂元素很难大幅度降低合金物化性能,因此调整后的金属依然保持了原合金的特性。

本章在结合以上两种研究的基础上,以共晶 Sn-58Bi 为基础,通过微量元素(Sb/Ag/Ni)的掺杂来研究 0.1% 或 0.9% 的添加量对 Sn-Bi 共晶合金的影响。由于 Sn 为基体软相,因此考虑降低 Bi 的含量到 57% 的同时,添加质量分数为 0.1% 或 0.9% 的 Sb/Ag/Ni 微量元素,观察不同元素对共晶(附近)合金的影响。

6.1 合金成分设计

合金的成分设计如表 6.1 所示。

表 6.1 合金成分设计

合金	设计成分(质量分数/%)				
	Sn	Bi	Sb	Ag	Ni
Sn-57Bi-0. 1Sb	42. 9	57	0. 1		
Sn-57Bi-0. 9Sb	42. 1	57	0. 9		
Sn-57Bi-0. 1Ag	42. 9	57		0. 1	
Sn-57Bi-0. 9Ag	42. 1	57		0. 9	
Sn-57Bi-0. 1Ni	42. 9	57			0. 1
Sn-57Bi-0. 9Ni	42. 1	57			0. 9

6.2　合金熔融特性

图 6.1 为 Ni/Sb/Ag 掺杂 Sn-57Bi 合金的 DSC 曲线,样品扫描速率为 2 ℃/min,测试环境为 Ar 气氛。从图中可以看出,分别添加 0. 1%或 0. 9%的 Sb/Ag/Ni 元素后,所有合金熔化时均只在 141 ℃ 附近出现了 Sn-Bi 共晶相吸热峰,未发现其他峰的存在,这与之前研究中 Sn58Bi 共晶的 DSC 曲线几乎一致(这里给出了 Sn-57Bi 的峰),说明添加少量的 Sb/Ag/Ni 元素对 Sn-Bi 合金的熔点影响较小。

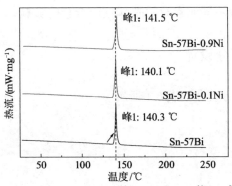

(a) Sn-57Bi、Sn-57Bi-0.1 Ni和Sn-57Bi-0.9Ni的DSC曲线

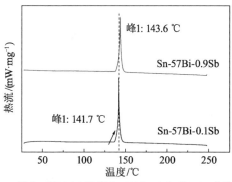

(b) Sn-57Bi-0.1Sb 和 Sn-57Bi-0.9Sb 的 DSC 曲线

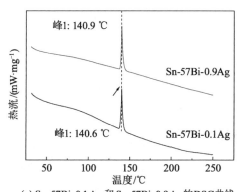

(c) Sn-57Bi-0.1Ag 和 Sn-57Bi-0.9Ag 的 DSC 曲线

图 6.1　Sn-57Bi-(Sb/Ag/Ni) 合金的 DSC 曲线

6.3　合金微观组织分析

6.3.1　Sn-57Bi-Sb

图 6.2 分别为 Sn-57Bi-0.1Sb 和 Sn-57Bi-0.9Sb 合金的微观组织。白色的区域为富 Bi 相,灰色的区域为富 Sn 相。因为 Sn-57Bi 是近共晶合金,不同 Sb 含量的 Sn-57Bi-Sb 合金均呈现出与 Sn-58Bi 共晶合金相似的组织,主要由片层状 Sn-Bi 共晶组织和灰色富 Sn 相组成。灰色富 Sn 相是先行凝固出的 β-Sn 枝晶,有球状或长条状

的富 Bi 相分布其上。

当 Sb 含量为 0.1%时(见图 6.2a),能看到部分 β-Sn 枝晶的树枝状特征。合金中的 β-Sn 枝晶沿着一定方向排列,与二元 Sn-Bi 共晶合金相比,这是一个准包晶结构 L + β-Sn → L(Sn) + β-Sn + (SbSn)。Sb 含量增加至 0.9%(图 6.2b),准包晶结构的比例增加,且 β-Sn 枝晶的形状发生不规则变化,枝晶臂间距越来越大。

研究表明,Sn-Bi-Sb 合金中主要包括 Sn 相、Bi 相和 SbSn 金属间化合物。Sn-57Bi-xSb 合金与 Sn-Bi 共晶合金组织形貌相似,且与 Sn-Bi 二元合金有着相似的凝固路径。在这种情况下,非平衡凝固过程中形成的相的路线为 L(液相) → L(液相) + 初生 β-Sn 枝晶 → L(液相) + β-Sn 枝晶 + Bi 沉淀 + SbSn 析出相 → β-Sn 枝晶 + Bi 沉淀 + SbSn 析出相 + Sn-Bi 共晶。这一分析结果和我们观察到的组织结构一致。

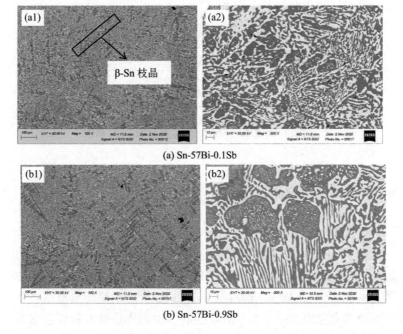

(a) Sn-57Bi-0.1Sb

(b) Sn-57Bi-0.9Sb

图 6.2　Sn-57Bi-0.1Sb 和 Sn-57Bi-0.9Sb 合金的微观组织

由于在 SEM 照片中很难观察到 SbSn 相,因此用 Pandat 软件绘制了 Sn57Bi(0~1)Sb 合金的垂直截面相图,如图 6.3 所示。从图中可以看到,Sb 的质量分数为 0.79% 时,会形成 SbSn 初生相。但本实验中 Sb 的质量分数为 0.9% 的 Sn-57Bi-0.9Sb 合金微观组织,在扫描电镜下却并没有观察到明显的 SbSn 金属间化合物。这应该和 SbSn 相与基体相 Sn 的衬度相似且尺寸较小有关。

进一步在较高倍数下观察 Sn-57Bi-0.9Sb 合金组织和对应基体区域的元素分布,结果如图 6.4a 所示。从所测区域的原子比例可以看出 Sn 基体当中有 Sb 原子的存在。从 XRD 图谱(见图 6.4b)中能够发现,仅 0.9Sb 合金能观察到较弱的 SbSn 峰。由于 Sb 原子主要是通过凝固过程中的固态沉淀,以 SbSn 相的形式出现在 β-Sn 枝晶的核心部位。在这种情况下,SbSn 沉淀在富 Sn 基体中,加上凝固阶段的冷却速度较快,就导致较高含量的 Sb 出现在富 Sn 基体中。此外,合金凝固过程中,Bi 在 Sn 中的固溶度会逐渐降低,其随着温度降低的速率比 Sb 在 Sn 中的固溶度下降速率更快。即 Bi 颗粒在凝固过程中的沉淀速率较高,而 Sb 更容易保持在固溶体当中。基于 Sn-Bi、Sn-Sb 和 Bi-Sb 的相图可知:① 在共晶温度(138 ℃)下,Bi 在 Sn 中的固溶度最大为 21%;② 在 243 ℃ 时,

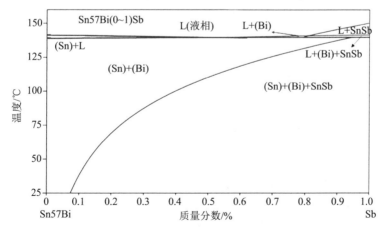

图 6.3　Sn57Bi(0~1)Sb 的垂直截面相图

Sb 在 Sn 中的最大固溶度为 10%，在 127 ℃时降低到 1.2%，在室温下 Sb 在 Sn 中的固溶度几乎为 0；③ Bi-Sb 体系恰好相反，它们能从液态到固态的凝固过程中形成一系列连续的固溶体。其他关于 Bi-Sb 体系的报道显示，当接近室温时存在 BiSb 相的中间混溶固溶体。

元素	质量百分比/%	原子百分比/%
Sn	98.44	98.88
Sb	0.55	0.54
Bi	1.01	0.58

(a) Sn-57Bi-0.9Sb合金能谱分析

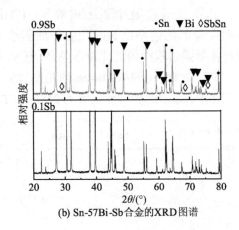

(b) Sn-57Bi-Sb合金的XRD图谱

图 6.4　Sn-57Bi-Sb 合金能谱分析及 XRD 图谱

6.3.2　Sn-57Bi-Ag

由于 Ag 不与 Bi 发生反应，但会与 Sn 发生冶金反应，形成 Ag_3-Sn 化合物，因此将 Ag 加入 Sn-57Bi 合金后，会有 Ag_3Sn 相生成。图 6.5a,b 所示分别为 Sn-57Bi-0.1Ag 和 Sn-57Bi-0.9Ag 两种合金在不同放大倍数下的微观组织。由图 6.5a1 和 b1 可知，Sn-57Bi-

0.9Ag 合金的整体组织更为均匀,未发现有如 Sn-57Bi-0.1Ag 中的
大量 β-Sn 枝晶。进一步放大后可以发现两种合金中均有 Ag 的化
合物。由 Sn-57Bi-Ag 合金 XRD 图谱(见图 6.6)确认,即便在 Sn-
57Bi-0.1Ag 中也可以观察到 Ag$_3$Sn 化合物的衍射峰,即 Ag 在近共
晶 Sn-Bi 合金中以 Ag$_3$Sn 化合物的形式存在。Shalaby 等发现在
Sn-Bi 共晶合金中加入 2% 的 Ag 后,杨氏模量提高了 20%,力学性
能显著改善。Li 等人在近共晶 Sn-57.6Bi 合金中加入 0.4% 的纳米
Ag 颗粒后,改变了合金的化学亲和力和扩散能力,进而降低了合金
中的晶粒尺寸,提高了抗拉强度。由于 Ag 元素具有优良的导电性
和导热性,常被应用于低熔点 Sn 基焊料合金当中,以优化合金的
综合性能。

　　从微观组织来看,Sn-57Bi-0.1Ag 合金组织与共晶 Sn-Bi 十分
相似,由灰色的富 Sn 相和白色的富 Bi 相组成,形貌上以片层状的

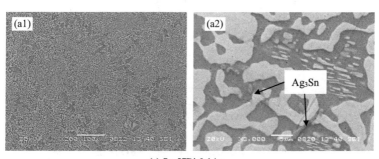

(a) Sn-57Bi-0.1Ag

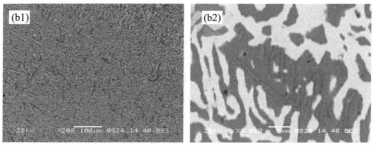

(b) Sn-57Bi-0.9Ag

图 6.5　Sn-57Bi-0.1Ag 和 Sn-57Bi-0.9Ag 合金的微观组织

共晶组织为主,并存在部分 β-Sn 枝晶(图 6.5a 中的灰色树枝状结构)。因为 Ag 元素在 Sn、Bi 相中的固溶度都很低,因此 Sn-57Bi-0.1Ag 合金在高倍下(见图 6.5a2)就能够看到 Ag₃Sn 金属间化合物。该化合物介于 Sn、Bi 两相之间,拥有一定衬度,为颗粒状或短棒状,尺寸较小,一般不超过 5 μm,弥散分布在 β-Sn 与 Bi 相交界处的 Sn 相中。当 Ag 含量为 0.9%时(见图 6.5b2),合金中 β-Sn 枝晶的尺寸明显变小。较多 Ag₃Sn 化合物的形成给合金凝固提供了较多的形核质点,加速了非匀质形核,过冷度降低,合金组织变细。与 Sn-57Bi-0.1Ag 合金对比,Ag₃Sn 化合物尺寸有了较大幅度的增长。

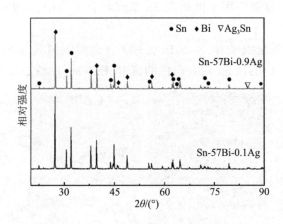

图 6.6　Sn-57Bi-Ag 合金的 XRD 图谱

6.3.3　Sn-57Bi-Ni

图 6.7a1 - a3 和 b1 - b2 分别是 Sn-57Bi-0.1Ni 和 Sn-57Bi-0.9Ni 两种合金的微观组织。由图 6.7a1 - a3 能够看到,Sn-57Bi-0.1Ni 合金微观组织由 β-Sn 枝晶和共晶组织组成。共晶组织包含灰色的富 Sn 相和白色的富 Bi 相组成的片层状组织(见图 6.7a2)。由图 6.7 a3 可以看到,β-Sn 枝晶中有亮白色 Bi 粒子,由于这些粒子是凝固过程中由 β-Sn 相中固态析出的,其尺寸较共晶富 Bi 相尺寸小。由于 Ni 的含量为 0.1%,在微观组织中并未观察到 Ni 元素的存在。当 Ni 含量增加到 0.9%时,发现合金微观组织中除了和

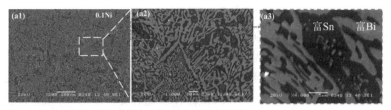

(a) Sn-57Bi-0.1Ni 合金的微观组织

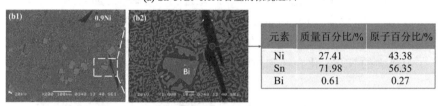

元素	质量百分比/%	原子百分比/%
Ni	27.41	43.38
Sn	71.98	56.35
Bi	0.61	0.27

(b) Sn-57Bi-0.9Ni 合金的微观组织

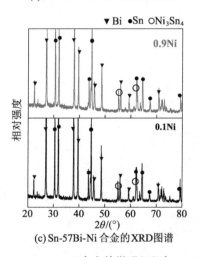

(c) Sn-57Bi-Ni 合金的 XRD 图谱

图 6.7　Sn-57Bi-Ni 合金的微观组织与 XRD 图谱

Sn-57Bi-0.1Ni 合金相同的富 Bi 相与富 Sn 相外,还包括:① 方块状的 Bi 相,尺寸较大,在 30~85 μm 之间。② 灰黑色的条状新相,经过 EDS 测试(见图 6.7b 的 EDS 能谱分析)和相图分析,发现 Ni 与 Sn 的原子比为 43.37:56.35,估计为 Ni_3Sn_4 相。其 XRD 谱可确认该物相为 Ni_3Sn_4 相,具体如图 6.7c 所示。不仅在 Sn-57Bi-0.9Ni 合

金中识别出了 Ni_3Sn_4 相的峰,在 Sn-57Bi-0.1Ni 的 X 射线衍射谱中也观察到了该衍射峰的存在。

对 Sn-57Bi-0.1Ni 合金进行元素面分布扫描,结果如图 6.8 所示,可以看到在富 Sn 相和富 Bi 相的界面处有非常少的 Ni 元素聚集,这些 Ni 元素应该以 Ni_3Sn_4 相存在于相界处。Sn-57Bi-0.9Ni 合金(见图 6.7b1)的组织中的 Ni_3Sn_4 化合物尺寸较大,加入的 Ni 元素均与 Sn 发生反应,占据了大多数的 Sn,使得 Bi 相对于 Sn 来说出现过剩,产生了较多的块体 Bi,合金组织变得不均匀,局部有较为粗大的 Ni_3Sn_4 化合物和块状富 Bi 组织。

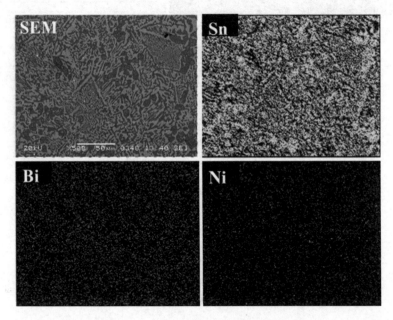

图 6.8　Sn-57Bi-0.1Ni 合金的元素面分布

6.4　合金力学性能分析

图 6.9 a 和 b 示出了 Sn-57Bi-Sb/Ag/Ni 合金在室温、应变速率

为 10^{-2} s^{-1} 时的抗拉强度(UTS)和延伸率。从图 6.9 a 可以看到,相对于 Sn-58Bi 共晶合金,Sn-57Bi- Sb/Ag/Ni 合金的 UTS 均有不同程度的提高。其中,Sn-57Bi-0.9Ag 合金的抗拉强度最高(为 75.08 MPa),相比 Sn-58Bi 共晶提高了约 23.9%。Sn-57Bi-0.9Ni 合金的抗拉强度也有较大提升,为 72.98 MPa,提高了 20.5%。添加了 Sb

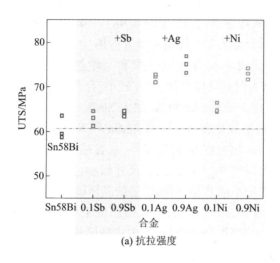

(a) 抗拉强度

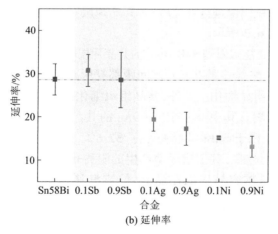

(b) 延伸率

图 6.9　Sn-57Bi-Sb/Ag/Ni 合金的力学性能

后的合金抗拉强度提升较小,幅度不超过 6%。从图 6.9 b 中可以看到添加 Ni 后合金的塑性明显变差,Sn-57Bi-0.9Ni 合金的延伸率与 Sn-58Bi 共晶合金相比从 30.8%减小到了 13.2%;Ag 的加入则使延伸率缩小了约 50%;Sn-57Bi-0.1Sb 的延伸率最大,约为 30.80%。综合来看,Ag 对 Sn-58Bi 共晶合金的 UTS 提升最大,其次强化效果较好的是 Ni,也显现出了一定的强化作用,但两者对合金塑性的降低却非常明显(见图 6.9b)。Sb 可能是由于添加量较低的缘故,对合金力学性能略有提升作用,但不是很明显。

通过上述对不同合金的组织和力学性能的分析,可以发现 SbSn 化合物为包晶反应产物,尺寸较小,存在于 β-Sn 内部,起到强化基体的作用。另外,Ag 和 Ni 加入 Sn-Bi 合金后,同样会与基体 Sn 发生反应,形成金属间化合物 Ag_3Sn 和 Ni_3Sn_4,这两种化合物一般存在于富 Sn 相与富 Bi 相的相界,或者晶粒的界面处。其中,Ag 与 Sn 反应生成的 Ag_3Sn 化合物,尺寸较小,大多沉淀在 Sn 基体当中,还会形成细小的共晶,引起较强的晶格畸变;Ni 与 Sn 反应生成了 Ni_3Sn_4 化合物,尺寸较大,在低倍图像上就能明显辨别。此外,添加了其他元素后,合金中的 SnBi 共晶尺寸大小也发生了一定变化,这对合金的力学性能也有一定的影响。利用 Image-pro plus 软件对微观组织图像进行处理后,对共晶片层平均间距进行计算,计算结果如表 6.2 所示。

从表 6.2 能够看到 SnBi 共晶的共晶片层间距约为 2.15 μm,Sn-57Bi-Sb/Ag/Ni 合金的共晶片层间距都有所减小,说明掺杂合金后的共晶组织明显细化。此外,共晶组织细化的程度也受合金元素添加量的影响。其中,Sn-57Bi-0.9Ag 的共晶片层间距最小,约为 1.34 μm,相比于 SnBi 共晶减小了 37.6%。因此,共晶组织细化后,共晶层面越多,对位错运动产生的阻碍也越大,使得抗拉强度增大,而位错越容易堆积在晶界,位错滑移越困难,所以延伸率降低。

表 6.2　不同成分合金共晶片层平均间距

合金	共晶片层平均间距/μm
Sn-58Bi	2.15±0.21
Sn-57Bi-0.1Sb	1.86±0.24
Sn-57Bi-0.9Sb	1.65±0.17
Sn-57Bi-0.1Ag	1.72±0.29
Sn-57Bi-0.9Ag	1.34±0.22
Sn-57Bi-0.1Ni	1.45±0.24
Sn-57Bi-0.9Ni	1.69±0.33

6.5　本章小结

本章综合研究了 Sb、Ag 和 Ni 元素对 Sn-57Bi 合金的熔融特性、微观组织和力学性能的影响,得到以下结论:

(1) 三种元素的添加对微观组织的影响大为不同。加入的 Sb 会以 SbSn 化合物的形式存在于 Sn 基体中,添加 0.1%Sb 会使微观组织更为均匀,而当 Sb 含量增加到 0.9%时,微观组织中出现较多的 β-Sn 枝晶;Ag 加入 Sn-57Bi 合金后,会形成 Ag_3Sn 化合物,该化合物使 Sn-57Bi-0.9Ag 合金的微观组织更为均匀(β-Sn 枝晶更少);添加 0.1%的 Ni 元素,即可以使微观组织变得更为细致,而添加 0.9%的 Ni 元素会形成粗大的 Ni_3Sn_4 相和块状 Bi 相。三种元素的掺杂均会减小共晶片层间距,使组织细化,其中 Ag 的细化效果比较明显。

(2) 三种元素的添加均可以提高合金的强度,但仅有 Sb 元素在提高合金强度的同时,不会造成延伸率的下降。与 Sn-58Bi 合金相比,Sn-57Bi-0.9Ag 合金的抗拉强度增加最多,为 75 MPa,较 Sn-58Bi 共晶提高了约 23.9%;Sn-57Bi-0.9Ni 合金的延伸率最小(为13.2%),降低了约 50%。

（3）虽然 Ag、Ni 元素的添加都能较好的提升合金强度，但明显降低了合金的延伸率，合金的塑性更差，而适量的 Sb 元素既能提升合金强度，又能改善合金的塑性，加入适量 Sb 元素增大了 Sn-Bi 合金延性断裂的趋势，并且相比之下，金属 Sb 的价格更低，因此，Sn-57Bi-0.1Sb 合金作为光伏焊料合金更具有优势。

第7章 Sn-Bi-Cu/Cu 和 Sn-Bi-Sb/Cu 焊点组织与性能研究

在微电子焊接中,焊点经过回流后,熔化的焊料在金属基板上铺展,与金属之间会发生冶金反应,在焊点界面处生成一定厚度的金属间化合物(IMC)。同时,许多电子元件在服役过程中会处于一定的高温状态,热激活引起金属原子迁移,使界面 IMC 层进一步生长,甚至生成新的金属间化合物,这些化合物的生成会很大程度上影响焊接接头的可靠性。一般来说,合适厚度的 IMC 层不仅是焊点可靠连接的必要条件,还能够提高焊点的力学性能。然而,由于 IMC 层本身的脆性,其在外力作用下容易发生脆性断裂并形成微裂纹。因此,焊点界面 IMC 的形成、生长以及形貌演化等特性的分析,成为研究焊点可靠性的重要内容之一。

7.1 焊点合金成分设计

根据前几章的实验和分析,本章分别选取 Sn-17Bi-(0.1/0.3/0.5)Cu 和 Sn-57Bi-(0.1/0.3/0.5)Sb 两类合金,在 Cu 基板上进行了不同时长(0,170,340,550,750,1 000 h)的时效处理,并根据焊点在实际服役过程中可能受到的外界因素的影响,对其进行接头强度测试和界面化合物生长分析,从而研究低 Bi 合金和高 Bi 合金以及不同金属元素的添加对焊点的影响。此外,考虑到焊点在服役过程中的温度会升高,选择在 100 ℃下进行时效,以研究 Cu 和 Sb 元素含量变化和时效时间对焊点界面组织和力学性能的影响规律。合金的成分设计如表 7.1 所示。

表 7.1 合金成分设计

合金	设计成分(质量分数/%)			
	Sn	Bi	Cu	Sb
Sn-17Bi-0.1Cu	82.9	17	0.1	
Sn-17Bi-0.3Cu	82.7	17	0.3	
Sn-17Bi-0.5Cu	82.5	17	0.5	
Sn-57Bi-0.1Sb	42.9	57		0.1
Sn-57Bi-0.3Sb	42.7	57		0.3
Sn-57Bi-0.5Sb	42.5	57		0.5

7.2 焊点界面组织观察

7.2.1 回流态焊点界面组织分析

图 7.1 是 Sn-17Bi-zCu 合金在 Cu 基板上回流焊后的焊点界面组织。在低倍镜下焊料内部组织形貌和 Sn-17Bi 合金的组织十分相像,都呈现出典型的灰色 β-Sn 相和亮白色富 Bi 相结构,与之不同的是富 Bi 相大多呈细条状和颗粒状,未见到粗大的 Bi 块(见图 7.1a1)。此外,添加 0.1% 的 Cu 元素后,能明显看到焊料内部有较多不规则的衬度较深的 Cu_6Sn_5 化合物生成。合金和 Cu 基板界面处存在一层薄且连续的金属间化合物层(IMC 层),在高倍下能够清楚看到 Cu 基板一侧的 IMC 层较为平整,焊料一侧的 IMC 层呈扇贝状(见图 7.1a2)。根据相关文献中的 EDS 结果和相图分析可知,生成的 IMC 层主要包含 Cu 元素和 Sn 元素,根据 Cu,Sn 原子比分析,IMC 层被认定为 Cu_6Sn_5 化合物。当 Cu 的质量分数提高至 0.3% 时,如图 7.1b1 所示,Bi 相有所粗化,聚集成一些较粗大的 Bi 颗粒,高倍下能够明显看到焊料一侧的 Bi 相由细条状变成了颗粒状。当 Cu 的质量分数升高至 0.5% 后,如图 7.1c1 所示,能够看到 Cu_6Sn_5 化合物变得细小而分布广泛,Bi 相的粗化得到改善,呈现出

更加细小的状态(见图 7. 1c2),这与第 4 章随 Cu 含量增多合金的内部组织变化规律一致。随着 Cu 质量分数的提高,界面处的 IMC 层未发生明显变化。

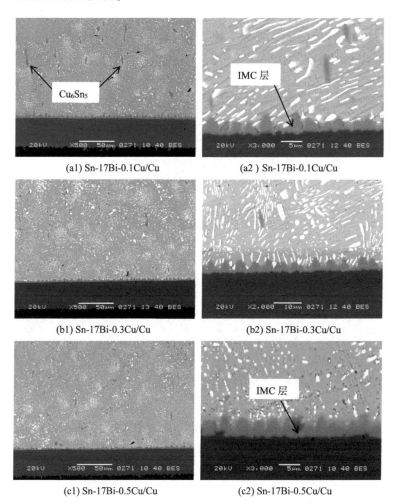

(a1) Sn-17Bi-0.1Cu/Cu　　　　(a2) Sn-17Bi-0.1Cu/Cu

(b1) Sn-17Bi-0.3Cu/Cu　　　　(b2) Sn-17Bi-0.3Cu/Cu

(c1) Sn-17Bi-0.5Cu/Cu　　　　(c2) Sn-17Bi-0.5Cu/Cu

图 7.1　Sn-17Bi-zCu 焊点界面微观组织

图 7. 2 是 Sn-57Bi-zSb 合金在 Cu 基板上回流焊后的焊点界面组织。从图 7.2 能够看出,焊点内部的组织形貌和 Sn-Bi 共晶组织

十分相似,都是由灰色的 Sn 相和白色的 Bi 相构成片层状的网状结构,在合金和 Cu 界面处有一层较薄的 IMC 层,IMC 层并不平整。在 Sn-57Bi-zSb/Cu 焊点的合金组织中,仅发现了 β-Sn 相和 Bi 相,未有其他新相存在。因为 57Bi 为近共晶成分,Bi 相在合金中的占比较高,所以与低 Bi 的合金焊点相比,在低倍下能看到 Sn-57Bi-zSb 和 Cu 基板界面处的 IMC 层与 Bi 相接触较多。

(a) Sn-57Bi-0.1Sb/Cu

(b) Sn-57Bi-0.3Sb/Cu

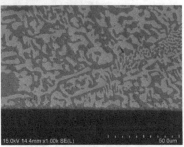

(c) Sn-57Bi-0.5Sb/Cu

图 7.2 Sn-57Bi-zSb 焊点界面微观组织

当 Sb 的质量分数较低时,如图 7.2a 所示,合金中除共晶组织外还存在部分初生 β-Sn 相,随着 Sb 质量分数的提高,如图 7.2c 所示,β-Sn 相减少,合金内部主要由 Sn-Bi 共晶组成,且在界面处 Bi 相与 IMC 层的接触面积更大,这应该是 Sb 含量的提高和 Sn 含量的降低,使得 Bi 相对于 Sn 的比例更高。但焊点界面微观组织整体变化不大,合金元素的微量改变对回流后的焊点影响并不十分明显。

7.2.2　固态时效后焊点界面组织分析

图 7.3 为 100 ℃下 Sn-17Bi-0.5Cu 合金在 Cu 基板上进行不同时间(0,170,340,550,750,1 000 h)的时效后的焊点界面组织形貌。随着时效时间的增加,如图 7.3b 所示,在时效 170 h 后可以看出焊点内部 Bi 相的粗化,Bi 相由众多细小的颗粒转变为稍粗大的颗粒。当时效时间增加至 340 h,如图 7.3c 所示,Bi 相的粗化持续进行,在靠近 IMC 层处出现了一些 Cu_6Sn_5 颗粒,这应该是基板处的 Cu 原子穿过 IMC 层与焊点内部的 Sn 发生了反应,生成 Cu_6Sn_5 金属间化合物,或是 Cu 原子的迁移促进了已有 Cu_6Sn_5 化合物的长大。当时效时间为 1 000 h 时,如图 7.3f 所示,能够看到 Bi 相严重粗化并部分紧贴在界面处,这是因为界面 IMC 生长吸收 Sn,引起 Bi 的富集。焊点内部的 Cu_6Sn_5 继续长大,合金组织主要由弥散分布的大量细小的颗粒状或细条状 Bi 的富 Sn 相和部分富集了 Bi 的块构成。

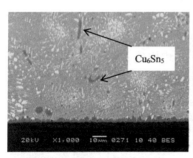

(a) Sn-17Bi-0.5Cu/Cu(100 ℃,0 h)

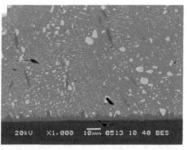

(b) Sn-17Bi-0.5Cu/Cu(100 ℃,170 h)

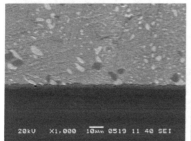

(c) Sn-17Bi-0.5Cu/Cu(100 ℃,340 h)

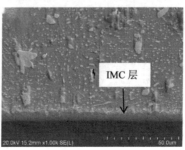

(d) Sn-17Bi-0.5Cu/Cu(100 ℃,550 h)

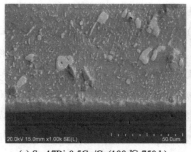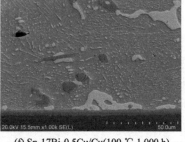

(e) Sn-17Bi-0.5Cu/Cu(100 ℃,750 h)　　　(f) Sn-17Bi-0.5Cu/Cu(100 ℃,1 000 h)

图 7.3　100 ℃下 Sn-17Bi-0.5Cu 合金焊点不同时效时间后的界面组织

图 7.4 为 100 ℃下 Sn-57Bi-0.5Sb 合金在 Cu 基板上进行不同时间(0,170,340,550,750,1 000 h)的时效后的焊点界面组织形貌。如图 7.4a 所示,未时效前焊料与 Cu 基板的界面不仅有 IMC 层,还有富 Sn 相和 Bi 相。随着时效时间增加至 550 h,如图 7.4d 所示,界面处几乎都是 IMC 层,且与 IMC 层接触的焊料组织大部分是粗大的 Bi 相,这应该是由于界面处 IMC 层的生长消耗了大量的 Sn 原子,此处 Bi 相富集和长大的缘故。随着时效时间继续增加,焊料与 IMC 接触的组织几乎都由 Bi 相构成。但与 Sn-17Bi-0.5Cu/Cu 相比,焊点内部 Bi 相的富集没有那么明显,这可能是因为界面处 Bi 相较多,阻碍了 Sn 原子向基板面的扩散。

(a) Sn-57Bi-0.5Sb/Cu(100 ℃,0 h)　　　(b) Sn-57Bi-0.5Sb/Cu(100 ℃,170 h)

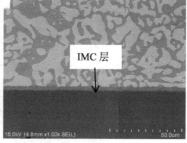

(c) Sn-57Bi-0.5Sb/Cu(100 ℃,340 h)　　　(d) Sn-57Bi-0.5Sb/Cu(100 ℃,550 h)

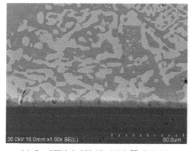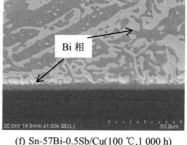

(e) Sn-57Bi-0.5Sb/Cu(100 ℃,750 h)　　　(f) Sn-57Bi-0.5Sb/Cu(100 ℃,1 000 h)

图 7.4　100 ℃下 Sn-57Bi-0.5Sb 合金焊点不同时效时间后的界面组织

进一步在高倍数扫描电镜下观察时效后的界面,发现除了
Cu$_6$Sn$_5$ 化合物层,还出现了一个较薄的化合物层。为研究回流焊
后界面处的 IMC 层时效后的变化,分别对时效 340 h 后的焊点界面
处的两层 IMC 进行点扫元素分析,结果如图 7.5 所示。其中,
图 7.5b 为靠近基板一侧的 IMC 层的元素分析结果,从图中能看到
靠近基板一侧的 IMC 层主要由 Cu 和 Sn 元素组成,还包括少量的
Bi,其中 Cu 元素的原子比例约为 68.7%,Sn 元素的原子比例约为
29.1%,Bi 元素的原子比例约为 2.2%。

图 7.5c 为靠近焊料一侧的 IMC 层的元素分析结果,从图中能
够看到靠近焊料一侧的 IMC 层仅有 Cu 和 Sn 两种元素,其中 Cu 元
素的原子比例约为 63.9%,Sn 元素的原子比例约为 36.1%。靠近
焊料一侧的 IMC 层较厚,靠近基板一侧的 IMC 层较薄,两处的 IMC
层都较为平整。

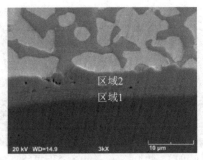

(a) 界面组织

元素	原子百分比/%	质量百分比/%
Cu	68.698	52.718
Sn	29.086	41.689
Bi	2.216	5.593
	100.000	100.000

元素	原子百分比/%	质量百分比/%
Cu	63.856	48.610
Sn	36.144	51.390
	100.000	100.000

(b) 区域1　　　　　　　　　　　(c) 区域2

图 7.5　Sn-57Bi-0.5Sb 合金焊点时效 340 h 后界面组织 EDS 扫描分析

根据相关文献可知,靠近基板一侧的 IMC 层可确认为 Cu_3Sn 化合物,发生的反应如下:

$$6Cu_{(s)} + 5Sn_{(l)} \Longrightarrow Cu_6Sn_{5(s)}$$

$$9Cu_{(s)} + Cu_6Sn_{5(s)} \Longrightarrow 5Cu_3Sn_{(s)}$$

$$3Cu_{(s)} + Sn_{(s)} \Longrightarrow Cu_3Sn_{(s)}$$

7.2.3　界面 IMC 层厚度

一般情况下,界面 IMC 在固态时效钎焊接头中的生长行为主要受焊料与基板界面反应原子扩散速率控制。为了研究界面 IMC 层的生长动力学,需要测量 IMC 层的生长厚度。一般在焊料与基板金属的界面形成的化合物呈不均匀的层状,给厚度测量带来困难,因此采用总面积除以固定长度的方法来计算界面 IMC 层的厚度(面积和长度都以像素数来表示):

借助 Photoshop 软件,根据下式计算 IMC 层的平均厚度:

$$h = \frac{M_1}{W} \times \frac{L_1}{M_2} \tag{7.1}$$

式中,h 为等温时效后界面 IMC 层厚度;W 为扫描电镜得到的照片宽度方向的像素;M_1 为统计照片中 IMC 区域的总像素数;L_1 为标尺所表示的距离;M_2 为标尺 L_1 所对应的像素数。

利用式(7.1),分别得到了 Sn-17Bi-zCu/Cu 和 Sn-57Bi-zSb/Cu 时效处理前后的 IMC 层厚度,统计结果如表 7.2 和表 7.3 所示。

表 7.2　Sn-57Bi-zSb/Cu(z = 0.1,0.3,0.5)时效处理前后的 IMC 层厚度统计

时效 时间/h	(Sn-57Bi-0.1Sb/Cu)/ μm	(Sn-57Bi-0.3Sb/Cu)/ μm	(Sn-57Bi-0.5Sb/Cu)/ μm
0	1.68	1.78	1.73
170	2.23	2.35	2.34
340	2.64	2.74	2.76
550	3.03	2.98	2.99
750	3.28	3.29	3.38
1 000	3.43	3.57	3.62

表 7.3　Sn-17Bi-zCu/Cu(z = 0.1,0.3,0.5)时效处理前后的 IMC 层厚度统计

时效 时间/h	(Sn-17Bi-0.1Cu/Cu)/ μm	(Sn-17Bi-0.3Cu/Cu)/ μm	(Sn-17Bi-0.5Cu/Cu)/ μm
0	2.51	2.26	2.49
170	3.24	3.06	3.32
340	3.71	3.65	3.91
550	4.27	4.37	4.48
750	4.87	4.84	4.88
1 000	5.46	5.11	5.34

7.3　界面 IMC 层生长动力学分析

IMC 层的生长与演变对焊接接头可靠性的影响十分明显。一般来说,焊点界面在固态等温时效的过程中,IMC 层的生长会受焊料、基板材料以及参与扩散元素的扩散速率等因素的影响。在回流焊过程中,液-固反应发生后,细小的 Cu_6Sn_5 晶粒首先在界面处形核生长,经回流保温过程,较大的 Cu_6Sn_5 不断吸收周围较小的化合物,界面的 IMC 层可以看作不断粗化的 Cu_6Sn_5。在固态等温时效过程中,元素的扩散会影响 IMC 层的生长,其中 Sn-Bi-Cu/Cu 和 Sn-Bi-Sb/Cu 焊点 IMC 为 Cu_6Sn_5,其生长速率主要由焊料中的 Sn 和基板中的 Cu 的扩散速率控制(见图 7.6)。

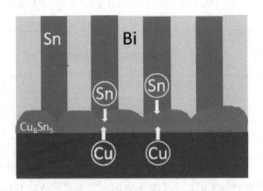

图 7.6　焊点界面时效示意图

有研究表明,Bi 元素能够抑制界面 IMC 层的生长,原因可能是 Bi 在界面层附近的均匀分布减弱了焊料内部 Sn 原子向 Cu 基板的扩散。从图 7.7 能够看到两种合金的 IMC 层厚度随时效时间的增加都有明显增大的趋势,但是未时效时 Sn-17Bi-zCu/Cu 焊点的 IMC 层厚度(回流焊后初始厚度)比 Sn-57Bi-zSb/Cu 的厚,说明两种合金的 IMC 层的生长动力学各不相同。添加微量的 Sb 或 Cu 元素对 IMC 层生长的影响较小。

进一步研究界面 IMC 层在某一固定温度下的生长动力学。受扩散机制影响的界面 IMC 层的生长行为一般用以下函数表达:

$$x-x_0 = A\exp\left(\frac{-Q}{RT}\right)t^{n'} \tag{7.2}$$

式中,x 为经 t 时间时效后的 IMC 层厚度;x_0 是回流焊后 IMC 层的初始厚度;n' 是时间的指数;A 为扩散常数;Q 为生长激活能;R 为

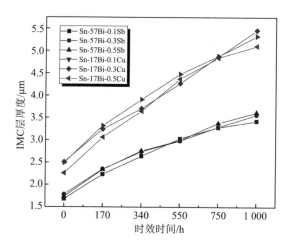

图 7.7   不同时间时效后焊点 IMC 层厚度

理想气体常数；T 为热力学温度。

在等温时效过程中，时效温度 T 恒定，式(7.2)可以简化为

$$x - x_0 = kt^{n'} \tag{7.3}$$

k 定义为界面 IMC 层的生长速率常数，不同的 n' 值代表的是界面 IMC 层的生长机制。一般情况下，n' 的值可以分为如下三种情况：

（1）当 n' 的值约为 1.0 时，界面 IMC 层厚度与液态时效时间之间存在线性关系，这就表明此时界面 IMC 层的生长只由反应速率所控制，与扩散速率无关。

（2）当 n' 的值约为 0.5 时，界面 IMC 层厚度与液态时效时间之间存在指数关系的增长规律。这就表明此时界面 IMC 层的生长由 Cu 的扩散速率所控制，基本与反应速率无关。

（3）当 n' 的值介于 0.5~1.0，界面 IMC 层厚度与液态时效时间之间存在指数式的增长规律，此时，界面 IMC 层的生长受反应速率和扩散速率的共同影响。

在等温时效过程中，IMC 层的生长速度是比较慢的，而焊接过程中的液-固反应通常比固-固反应快好几个数量级。此外，两种反应生成的 IMC 层的形态也有所不同，回流焊过程发生液-固反应,生成的 IMC 层凹凸不平,而固−固反应状态下,IMC 层在变厚的过程中也变得逐渐平整。根据相关文献可知,焊点形成后在等温时效下,基板与焊料间的 IMC 层生长主要由体积扩散控制,Sn-Bi 焊点的 n' 值约等于 0.5,此时 IMC 层厚度与时效时间的平方根呈线性关系,即

$$x-x_0 = kt^{\frac{1}{2}} \tag{7.4}$$

将表 7.2 和表 7.3 的数据代入式(7.4),得到 100 ℃ 条件下界面反应层($x-x_0$)和 $t^{\frac{1}{2}}$ 的关系,如图 7.8 所示。对图中的数据进行线性拟合,得到的直线斜率即为扩散系数 k。直线斜率越大,即生长速率的值越大,表明界面 IMC 层的厚度增长速度越快。对比来看,Sn-17Bi-zCu/Cu 焊点的 k 值随着 Cu 含量的增加逐渐减小,而 Sn-57Bi-zSb/Cu 焊点的 k 值随 Sb 含量的增加变化不明显。这说明 Sb 对焊点界面 IMC 层的生长影响较小,而 Cu 对界面 IMC 层的生长速度有减缓作用,在一定程度上阻碍了 Sn 向 Cu 基板的扩散。

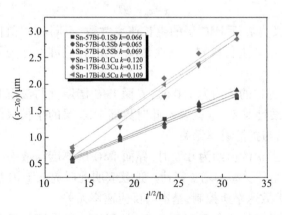

图 7.8 $x-x_0$ 与 $t^{\frac{1}{2}}$ 的关系图

7.4 时效对接头力学性能的影响

对时效 170,340,500,550,750,1 000 h 后的不同成分的焊点样

品进行剪切测试,得到不同成分焊点的剪切力随时效时间变化的柱状图,如图 7.9 所示。在剪切实验中,不同成分焊点在各个时效时间的样品数不少于 6 个,为了体现剪切实验全貌,并未对其进行单独选取,这样可以更好地观察样品在实验中的分散性。从图 7.9a 中可以看到,Sn-57Bi-zSb/Cu 焊点在剪切实验过程中所能承受的最大剪切力呈下降趋势,不过整体下降幅度较小,均在 15%以内。时效时间在 0 ~ 340 h 时,焊点的抗剪切能力表现较好。而对于 Sn-17Bi-zCu/Cu 焊点(见图 7.9b),经时效后在剪切时发生了焊盘脱落的现象,剪切结果受到了一定影响。

　　此外,经历了时效过程,焊点会发生原子迁移、空位迁移和冶金反应等物理化学过程。这一过程会导致界面化合物增厚,界面处由于不同原子的迁移速率不同而形成柯肯达尔孔洞、焊点组织粗化等问题,集中体现在抗剪切能力的降低。由于孔洞形成、界面增厚等原因,仅通过剪切力的分析很难观察到焊点在剪切过程中的综合抗力的变化。因此,对剪切过程的载荷-位移曲线进行积分,从而计算得出剪切过程中所需能量的变化,以更直观地反映出整个剪切过程。

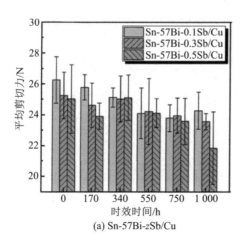

(a) Sn-57Bi-zSb/Cu

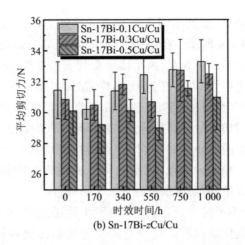

(b) Sn-17Bi-zCu/Cu

图 7.9 不同成分焊点在不同时效时间下的剪切力

图 7.10 是 6 个 Sn-57Bi-0.5Sb 焊点样品时效 1 000 h 后剪切的力-位移曲线,从图中能够看出,不同焊点样品的力-位移曲线有所不同,在剪切力达到最大值后,力-位移曲线下降部分的趋势不同,直观的结果表现为剪切机刀口的行程距离不同。猜测这种现象和焊点的延伸率有关,由于焊点本身为一个多界面的组合体,不同焊点样品的断裂位置应该不同。在剪切的后程阶段,焊点样品的断裂路径改变,导致曲线发生变化。

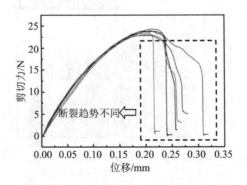

图 7.10 Sn-57Bi-0.5Sb 焊点时效 1 000 h 后的力-位移曲线

7.5　时效后断口形貌分析及断裂模式统计

图 7.11 是经过 100 ℃、三种不同时效时间(0,500,1 000 h)的 Sn-57Bi-0.5Sb/Cu 焊点剪切断口形貌图。图 7.11a1 所示为未经时效的焊点剪切断口宏观形貌,箭头所指的方向为刀头的剪切方向。断口的形貌随剪切方向呈现由"高"到"低"的斜坡状。对图 7.11a1 中的 1,2 两个区域进行局部微观扫描,得到图 7.11a2 和 a3,区域 1 的微观形貌有明显的剪切刀口划过的痕迹,这是焊点内部合金处断裂的特征,此处的成分主要是 Sn-Bi 共晶。区域 2 并没有明显的合金断裂迹象,而是呈现出金属间化合物与焊料合金之间的撕裂特征,化合物上残留了少量的合金。如图 7.11b1 所示,随着时效时间增加至 550 h,断口依然呈现出焊料内部和 IMC 层处的混合断裂模式,但断口处焊料内部的面积变少,IMC 层处撕裂的面积扩大。分别对焊料内部和 IMC 处进行放大观察(见图 7.11b2,b3),和未经时效的样品相比,两个区域的微观特征未发生明显变化。如图 7.11c1 所示,经过 1 000 h 时效后,焊点的宏观断口已不存在刀口划过焊料内部断裂的痕迹。选取 1 和 2 两个区域进一步观察,如图 7.11c2,c3 所示,合金内部断裂部位(区域 1)未发生明显变化,而区域 2 处的金属间化合物颗粒有所增大,并存在孔洞。这可能是热时效作用导致界面处形成了柯肯达尔孔洞,弱化了焊点的力学性能。

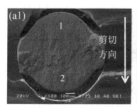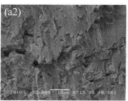

(a) Sn-57Bi-0.5Sb/Cu(100 ℃,0 h)

(b) Sn-57Bi-0.5Sb/Cu(100 ℃,550 h)

(c) Sn-57Bi-0.5Sb/Cu(100 ℃,1 000 h)

图 7.11　不同时效时间后 Sn-57Bi-0.5Sb/Cu 焊点剪切断口

　　综合上述实验能够发现,时效过程中 IMC 层的生长和基体组织的粗化都会影响焊点界面附近的强度。未经时效时,较薄的 IMC 层作为焊料和基板的结合面,起着较强的物理连接作用,随着时效时间的增加,过度生长的 IMC 层由于脆性较大,降低了连接处的强度,在发生断裂时成为首先被破坏的对象。为了进一步观察成分以及时效时间对焊点断裂的影响,利用超景深显微镜对宏观断口进行断裂模式统计(不同成分焊点某一时效时间下统计 6 个断口),将断裂结果大体分为三种模式,分别为:① 焊料内部断裂;② 焊料、IMC 层处混合断裂;③ IMC 层处断裂。统计结果如表 7.4 所示,从表中的统计结果可以发现,随着时效时间的增加,焊点的断裂位置会从焊料内部向界面处转变,在 550 h 时效后均不存在焊料内部断裂的情况。随着时效时间的继续增加,界面 IMC 层的厚度会持续增大,最终焊点会完全断裂在 IMC 层,由于时间有限,本实验并没有进一步进行时效老化,完全断裂在 IMC 层处的现象并未普遍出现。

表 7.4　Sn-57Bi-zSb 焊点不同时效时间下的断口断裂模式

时效时间/h	Sn-57Bi-0.1Sb					
	断口 1	断口 2	断口 3	断口 4	断口 5	断口 6
0	1	1	1	1	1	1
170	1	1	1	1	1	2
340	1	1	1	1	2	1
550	2	2	2	2	2	2
750	2	2	2	2	2	2
1 000	3	2	2	2	2	2
时效时间/h	Sn-57Bi-0.3Sb					
	断口 1	断口 2	断口 3	断口 4	断口 5	断口 6
0	1	1	1	1	1	1
170	1	1	1	1	1	2
340	1	1	1	1	2	1
550	1	2	2	2	2	2
750	2	2	2	2	2	2
1 000	2	2	2	2	2	2
时效时间/h	Sn-57Bi-0.5Sb					
	断口 1	断口 2	断口 3	断口 4	断口 5	断口 6
0	1	1	1	1	1	1
170	1	1	1	1	1	2
340	1	1	1	1	2	1
550	1	1	2	2	2	2
750	2	2	2	2	2	2
1 000	2	2	2	2	2	2

注:表中的"1""2""3"断裂模式对应正文中的①,②,③。

7.6 焊点强度分析及断裂能统计

图 7.12 是两种不同断裂模式的 Sn-57Bi-0.3Sb 焊点时效 1 000 h 后的力-位移曲线。从图 7.12 能够看出,剪切力都在 23.5 N 左右,而剪切功分别为 3.23 J 和 5.19 J,分别对应 7.5 节中的断裂模式 3 和 2。

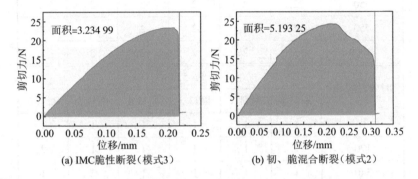

(a) IMC脆性断裂(模式3)　　　(b) 韧、脆混合断裂(模式2)

**图 7.12　不同断裂模式的 Sn-57Bi-0.3Sb 焊点时效
1 000 h 后的力-位移曲线**

焊点作为一个多层结构,对其强度的衡量不仅要关注最大抗剪力的大小,也应将焊料本身的韧性考虑在内。对焊料合金而言,断裂韧性可以代表其抵抗裂纹扩展的能力,这是衡量材料韧性好坏的一个定量指标。当剪切载荷速度和温度一定时,材料的断裂韧性是一个常数,它和裂纹本身的大小、形状及外加应力大小无关,是材料固有的特性,只与材料本身、热处理及加工工艺有关,常用断裂前物体吸收的能量或外界对物体所做的功表示(如图 7.12 曲线下的面积),也就是断裂能。对以上所涉及的合金进行断裂能统计,结果如表 7.5 所示。

表 7.5　合金的断裂能

合金	断裂能/(J·m⁻³)	合金	断裂能/(J·m⁻³)	合金	断裂能/(J·m⁻³)	合金	断裂能/(J·m⁻³)
Sn-10Bi	1 851.4	Sn-17Bi-0.1Cu	2 119.2	Sn-30Bi-0.5In	1 218.0	Sn-57Bi-0.1Sb	1 468.0
Sn-15Bi	1 935.0	Sn-17Bi-0.3Cu	2 153.4	Sn-30Bi-1In	1 231.2	Sn-57Bi-0.9Sb	1 556.4
Sn-17Bi	2 123.5	Sn-17Bi-0.5Cu	2 218.3	Sn-30Bi-2In	1 426.7	Sn-57Bi-0.1Ag	1 368.3
Sn-20Bi	2 108.8	Sn-17Bi-0.7Cu	2 007.2	Sn-30Bi-4In	1 169.9	Sn-57Bi-0.9Ag	1 200.7
Sn-30Bi	1 236.7	Sn-17Bi-0.9Cu	1 625.9	Sn-30Bi-6In	686.7	Sn-57Bi-0.1Ni	480.9
Sn-40Bi	1 161.5			Sn-30Bi-8In	753.4	Sn-57Bi-0.9Ni	439.2
Sn-45Bi	1 187.3			Sn-30Bi-10In	1 131.8		
Sn-50Bi	1 190.1						
Sn-56Bi	1 231.2						
Sn-58Bi	1 260.4						

图 7.13 展示了本书涉及的但在书中没有详尽分析的 Sn 基合金的力学性能,这些数据可为焊料的成分、性能选择提供有效参考。

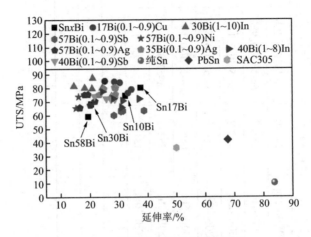

图 7.13　焊料合金的力学性能统计

7.7　本章小结

本章研究了在一定温度下,时效时间和合金化对两种不同 Sn-Bi 系合金焊点的界面、内部组织和力学性能的影响,得到以下结论:

(1) 回流焊后,焊料与 Cu 基板发生反应,在连接处生成一层扇贝状的薄而连续的 Cu_6Sn_5 金属间化合物。添加 0.5% 的 Cu 对焊点内部 Bi 相的粗化有抑制效果,界面处 IMC 层没有显著改变。Sn-57Bi-Sb/Cu 焊点内部组织未发生明显变化。

(2) 等温时效后,界面处的 IMC 层厚度增厚。随时效时间的延长,Sn-17Bi-zCu/Cu 焊点的 IMC 层较 Sn-57Bi-zSb/Cu 焊点的 IMC 层厚度增长更快,说明 Cu 元素的添加可以减缓 IMC 的生长,Sb 元素的添加对 IMC 的生长没有明显的影响。

(3) 经 1 000 h 时效后,焊点在剪切过程中所能承受的最大剪切力下降,下降幅度在 15% 以内。焊点经剪切后断口形貌不同,未时效的焊点经剪切后大多在焊料内部断裂,断口有 IMC 残留;时效时间延长后,断口 IMC 残留增多,IMC 上出现柯肯达尔孔洞。焊点的实际强度不仅与最大抗剪力有关,也与焊料的韧性相关,焊料韧性越强,接头越不容易失效。

参考文献

[1] Abtew M, Selvaduray G. Lead-free solders in microelectronics[J]. Materials Science and Engineering: R: Reports, 2000,27 (5/6):95-141.

[2] Nogita K, Read J, Nishimura T, et al. Microstructure control in Sn-0.7 mass%Cu alloys[J]. Materials Transactions, 2005,46(11): 2419-2425.

[3] Xian J W, Mohd Salleh M A A, Belyakov S A, et al. Influence of Ni on the refinement and twinning of primary Cu_6Sn_5 in Sn-0.7Cu-0.05Ni[J]. Intermetallics, 2018,102:34-45.

[4] Belyakov S A, Gourlay C M. $NiSn_4$ in solder joints between Sn-3.5Ag and Ni, ENIG or ENEPIG[C]//2015 IEEE 65th Electronic Components and Technology Conference (ECTC), May 26-29, 2015, San Diego, CA, USA. IEEE, 2015:1273-1279.

[5] Tang H, Nguyen J, Zhang J, et al. Warpage study of a package on package configuration[C]//2007 International Symposium on High Density packaging and Microsystem Integration, June 26-28, 2007, Shanghai, China. IEEE, 2007:1-5.

[6] Vizdal J, Braga M H, Kroupa A, et al. Thermodynamic assessment of the Bi-Sn-Zn system[J]. Calphad-computer Coupling of Phase Diagrams and Thermochemistry, 2007,31(4):438-448.

[7] Torres A, Hernández L, Domínguez O. Effect of antimony additions on corrosion and mechanical properties of Sn-Bi eutectic lead-free solder alloy[J]. Materials Sciences and Applications, 2012,

3(6):355-362.

[8] Manaśijevic D, Vřešĺál J, Minić D, et al. Phase equilibria and thermodynamics of the Bi-Sb-Sn ternary system[J]. Journal of Alloys and Compounds, 2007,438(1/2):150-157.

[9] Wang Z, Zhang Q K, Chen Y X, et al. Influences of Ag and in alloying on Sn-Bi eutectic solder and SnBi/Cu solder joints[J]. Journal of Materials Science: Materials in Electronics, 2019,30(20): 18524-18538.

[10] Wu X L, Wu J W, Wang X J, et al. Effect of in addition on microstructure and mechanical properties of Sn-40Bi alloys[J]. Journal of Materials Science, 2020,55(7):3092-3106.

[11] Ramli M I I, Salleh M A A M. Solderability of Sn-0.7Cu-0.05 Ni-xZn solder ball on Sn-0.7Cu and Sn-0.7Cu-0.05Ni solder coating [J]. IOP Conference Series: Materials Science and Engineering, 2019,551(1):509-515.

[12] Li J F, Mannan S H, Clode M P, et al. Interfacial reactions between molten Sn-Bi-X solders and Cu substrates for liquid solder interconnects[J]. Acta Materialia, 2006,54(11):2907-2922.

[13] 饭田孝道,格斯里. 液态金属的物理性能[M]. 冼爱平, 王连文,译.北京:科学出版社, 2006.

[14] Blake N, Smith R W. Electron microscopy of grey tin[J]. Journal of Materials Science Letters, 1986,5(1):103-104.

[15] Brar N S, Tyson W R. Elastic and plastic anisotropy of white tin[J]. Canadian Journal of Physics, 1972,50(19):2257-2264.

[16] Kammer E W, Cardinal L C, Vold C L, et al. The elastic constants for single-crystal bismuth and tin from room temperature to the melting point[J]. Journal of Physics and Chemistry of Solids, 1972,33(10):1891-1898.

[17] Hirokawa T, Ojima K. The dislocation movement in the pre-

yield region in white tin single crystals by using the etch hillock technique[J]. Japanese Journal of Applied Physics, 1979,18(4):729-734.

[18] Ojima K, Hirokawa T. Motions of individual dislocations in white tin single crystals deformed in tension[J]. Japanese Journal of Applied Physics, 2014,22(1R):46-51.

[19] Nagasaka M. Temperature dependence of plastic deformation in white tin single crystals[J]. Japanese Journal of Applied Physics, 1989,38(3):171-175.

[20] McCabe R J, Fine M E. Athermal and thermally activated plastic flow in low melting temperature solders at small stresses[J]. Scripta Materialia, 1998,39(2):189-195.

[21] Silva B L, Garcia A, Spinelli J E. Complex eutectic growth and Bi precipitation in ternary Sn-Bi-Cu and Sn-Bi-Ag alloys[J]. Journal of Alloys and Compounds, 2017,691:600-605.

[22] Teppo O, Niemelä J, Taskinen P. An assessment of the thermodynamic properties and phase diagram of the system Bi-Cu[J]. Thermochimica Acta, 1990,173:137-150.

[23] Shang P J, Liu Z Q, Pang X Y, et al. Growth mechanisms of Cu_3Sn on polycrystalline and single crystalline Cu substrates[J]. Acta Materialia, 2009,57(16):4697-4706.

[24] Chen X, Xue F, Zhou J, et al. Effect of in on microstructure, thermodynamic characteristic and mechanical properties of Sn-Bi based lead-free solder[J]. Journal of Alloys and Compounds, 2015, 633:377-383.

[25] Yoon S W, Rho B S, Lee H M, et al. Investigation of the phase equilibria in the Sn-Bi-In alloy system[J]. Metallurgical and Materials Transactions A, 1999,30(6):1503-1515.

[26] Elayech N, Fitouri H, Boussaha R, et al. Calculation of In-As-Bi ternary phase diagram[J]. Vacuum, 2016,131:147-155.

[27] Silva B L, Reinhart G, Nguyen-Thi H, et al. Microstructural development and mechanical properties of a near-eutectic directionally solidified Sn-Bi solder alloy [J]. Materials Characterization, 2015,107:43-53.

[28] Vasil'ev V P. A complex study of the phase diagram of the Sn-Sb system [J]. Russian Journal of Physical Chemistry, 2005, 79 (1):20-28.

[29] Ren G, Collins M N. The effects of antimony additions on microstructures, thermal and mechanical properties of Sn-8Zn-3Bi alloys [J]. Materials & Design, 2017,119:133-140.

[30] Okamoto H. Bi-Sb (bismuth-antimony) [J]. Journal of Phase Equilibriaand Diffusion, 2012,33(6):493-494.

[31] Shalaby R M. Effect of silver and indium addition on mechanical properties and indentation creep behavior of rapidly solidified Bi-Sn based lead-free solder alloys [J]. Materials Science and Engineering: A, 2013,560:86-95.

[32] Li Y, Chan Y C. Effect of silver (Ag) nanoparticle size on the microstructure and mechanical properties of Sn58Bi-Ag composite solders [J]. Journal of Alloys and Compounds, 2015,645:566-576.

[33] Feng H L, Huang J H, Peng X W, et al. A study of Ni_3Sn_4 growth dynamics in Ni-Sn TLPS bonding process by differential scanning calorimetry [J]. Thermochimica Acta, 2018,663:53-57.

[34] Liu C Z, Zhang W. Bismuth redistribution induced by intermetallic compound growth in SnBi/Cu microelectronic interconnect [J]. Journal of Materials Science, 2009,44(1):149-153.

[35] 田飞飞. 共晶锡铋焊料在单晶与多晶铜上的界面反应研究 [D]. 北京: 中国科学院大学, 2014.

[36] Shen J, Zhao M L, He P P, et al. Growth behaviors of intermetallic compounds at Sn-3Ag-0.5Cu/Cu interface during isothermal and non-isothermal aging [J]. Journal of Alloys and Compounds,

2013,574:451-458.

[37] Shen J, Cao Z M, Zhai D J, et al. Effect of isothermal aging and low density current on intermetallic compound growth rate in lead-free solder interface [J]. Microelectronics Reliability, 2014, 54 (1):252-258.